NOTIONS

ÉLÉMENTAIRES

D'AGRICULTURE

A L'USAGE DES ÉCOLES PRIMAIRES

PAR

Victor RENDU

Inspecteur général honoraire de l'agriculture

Ouvrage couronné par la Société royale et centrale d'agriculture

« Le labourage et le pasturage sont les deux mamelles de la France. »
(Sully, *Œconomies royales.*)

PARIS

LIBRAIRIE HACHETTE & Cie

79, BOULEVARD SAINT-GERMAIN, 79

1874

©

NOTIONS ÉLÉMENTAIRES

D'AGRICULTURE

PARIS. — IMPRIMERIE DE E. MARTINET, RUE MIGNON, 2

NOTIONS
ÉLÉMENTAIRES
D'AGRICULTURE

A L'USAGE DES ÉCOLES PRIMAIRES

PAR

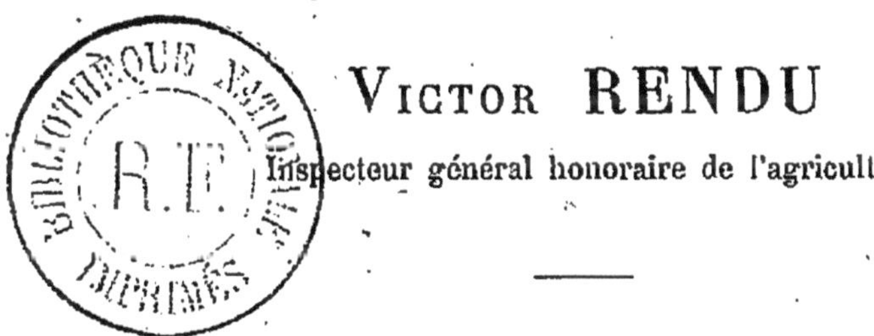

VICTOR RENDU

Inspecteur général honoraire de l'agriculture

Ouvrage couronné par la Société royale et centrale d'agriculture

> « Le labourage et le pasturage sont les deux mamelles de la France. »
> (SULLY, *Œconomies royales.*)

PARIS

LIBRAIRIE HACHETTE & Cie

79, BOULEVARD SAINT-GERMAIN, 79

1874

A LA MÉMOIRE

DU COMTE MARTIN (DU NORD)

MINISTRE DE L'AGRICULTURE ET DU COMMERCE

Hommage reconnaissant de l'auteur,

VICTOR RENDU.

PRÉFACE

La nécessité de l'instruction agricole dans les campagnes n'est un doute pour personne. Il y a trente-cinq ans, un homme de bien, ami du progrès, le comte Martin, du Nord, alors ministre de l'agriculture, avait institué des prix pour la composition d'ouvrages élémentaires d'agriculture destinés aux écoles primaires ; l'auteur de ce livre eut la chance d'être classé au premier rang. A cette époque, comme aujourd'hui, il s'agissait d'arrêter le courant funeste qui entraîne les populations agricoles vers les villes, de leur prouver que la vie des champs vaut bien l'existence des grands centres, et que le travail agricole, pratiqué avec intelligence, mène à l'aisance tout aussi bien que l'industrie ;

une instruction spéciale allait réaliser ce bienfait, lorsque les commotions politiques l'ajournèrent jusqu'à ce jour.

Tous les bons esprits sont d'accord sur ce point, qu'il faut remettre la jeune génération des campagnes dans sa voie par une saine morale et un enseignement approprié. Quoi de mieux que l'agriculture pour atteindre ce double but! Sans cesse aux prises avec les difficultés de la vie, l'homme des champs n'a aucune peine à reconnaître le Maître souverain dont il dépend; face à face avec la nature, son cœur se tourne de lui-même vers cette Providence qui tient les saisons dans sa main, verse la pluie et le soleil sur les moissons, et remplit la terre de ses bienfaits; l'obligation du travail, cette grande loi religieuse et sociale, lui est enseignée par la force même des choses : pour porter tous ses fruits, elle n'a besoin que d'être dirigée.

Éclairé par nos récents malheurs, le gouvernement s'est enfin résolu à doter les campagnes d'une instruction vraiment utile. Sans rien retrancher des connaissances que tous doivent posséder, il veut imprimer au programme de l'enseignement primaire un cachet plus agricole ; c'est là une heureuse idée dont l'avenir prouvera toute la fécondité. L'agriculture, chez nous, n'est-elle pas l'occupation du plus grand nombre, et n'est-ce pas le plus solide fondement de notre richesse nationale? Quoi donc de plus juste que de la développer par une instruction spéciale! Des ouvrages élémentaires résumant les principes généraux de l'agriculture semblent, mieux que tous autres, appelés à seconder cette salutaire réforme ; c'est dans ce but que ce livre est offert à la jeunesse des campagnes.

Sans aucun dehors scientifique, il se borne à mettre sous les yeux du lecteur les règles qui doivent guider le cultivateur dans sa carrière. Inspiré des meilleurs écrivains agricoles et par trente années d'inspection, il traite sommairement du sol, des moyens de le mettre en valeur, des engrais appelés à le fertiliser, des instruments qui doivent le travailler, et des principes généraux qui président à la végétation des plantes ; s'il ne parle ni des détails de leur culture, ni du bétail, c'est que l'un et l'autre appartiennent à un enseignement supérieur. Puisse-t-il faciliter l'étude professionnelle de l'agriculture ! A chacun, ensuite, d'en faire l'application « selon le jugement de sa propre expérience », comme parle Olivier de Serres.

Aux Berruères, septembre 1873.

NOTIONS ÉLÉMENTAIRES

D'AGRICULTURE

L'agriculture, ou l'art de cultiver la terre, remonte à l'origine du monde. C'était l'occupation de nos premiers parents ; les rois, dans l'antiquité, ne dédaignaient pas de s'y appliquer. Dans nos sociétés modernes, tous les peuples s'y livrent avec ardeur, car elle leur fournit les choses nécessaires à la vie, le pain, le vin, la viande, la laine dont les vêtements sont faits : l'agriculture est donc une profession aussi honorable qu'utile ; de sa prospérité dépendent, en partie, la vraie richesse du cultivateur et celle des nations. Pour l'exercer avec profit, il faut : 1° connaître la nature du sol qu'on veut exploiter ; 2° le préparer à recevoir une bonne culture ; 3° lui donner les engrais qu'il exige ; 4° lui appliquer les labours et les autres façons nécessaires à la production des végétaux ; et 5° y cultiver les plantes qui lui conviennent, d'après un assolement judicieux ; l'ensemble de ces connaissances constitue la science agricole proprement dite.

DU SOL

Le *sol*, en agriculture, est la couche superficielle sur laquelle le cultivateur agit avec ses instruments; on lui donne aussi le nom de *terre arable*.

Le sol sert de point d'appui aux plantes, il leur fournit les éléments minéraux qui entrent dans leur composition et tient en dépôt les matières destinées à leur nourriture.

Trois substances minérales forment principalement le sol ; ce sont : l'argile, le sable et le calcaire. Chacune d'elles, prise isolément, n'est pas susceptible d'une culture profitable, elles s'y prêtent très-bien quand elles se trouvent mélangées entre elles.

Leurs propriétés diffèrent.

L'argile, de couleur variable, happe à la langue, et exhale, après la pluie, une odeur de terre très-prononcée. A l'état sec, elle absorbe l'eau avec une grande facilité ; elle la garde longtemps quand elle en est imprégnée, et adhère fortement aux instruments. Exposée à la gelée quand elle est humide, elle se crevasse et se délite ; soumise à la chaleur, elle devient de plus en plus dure, se contracte et se fend ; mise enfin en contact avec l'air, elle s'en laisse pénétrer, et absorbe l'humidité et les principes fertilisants qu'il contient.

Lorsque le sol renferme assez d'argile pour former, à l'état humide, par le labour, des mottes compactes que la herse a de la peine à diviser, on l'appelle *terrain argileux* ou *terrain fort*. Il présente des avantages et des inconvénients. Ses avantages sont d'offrir une base solide aux plantes, de leur conserver la fraîcheur, de retenir fortement les engrais, et, par là, de s'épuiser moins promptement. Ses défauts sont d'exposer les plantes à souffrir de l'humidité qu'il garde longtemps ; de se crevasser, en hiver, par les grands froids, et en été, par les fortes sécheresses, ce qui déchire les racines et les met souvent à nu ; de se durcir au point de ne pouvoir plus être entamé par les instruments, et de s'échauffer si lentement, que les récoltes y sont plus tardives que dans les autres terrains.

Il y a, toutefois, remède à ces défauts : 1° par l'assainissement du sol au moyen de rigoles d'écoulement et surtout par le drainage ; 2° par des labours profonds donnés avant l'hiver ; 3° par le marnage ou le chaulage ; 4° par d'abondantes fumures pailleuses qui contribuent à l'aérer et à le diviser.

Le terrain argileux pur est impropre à toute culture ; mélangé d'une certaine quantité de sable ou de calcaire, il convient surtout au blé, à l'avoine, aux fèves, au trèfle, à la vesce, aux choux, à l'herbe.

Le sable est absolument l'inverse de l'argile. Ses parties ne sont pas liées entre elles, et ne forment jamais pâte, quelle que soit l'humidité. L'eau le traverse sans le pénétrer, et s'en évapore rapidement ; il s'échauffe facilement et garde longtemps sa chaleur.

Le sable pur n'a aucune valeur en agriculture ; les plantes y manquent d'appui, et brûlent par la sécheresse ; elles y souffrent de toutes les variations brusques de la température, et les matières fertilisantes s'y dissolvent rapidement.

Mêlé d'une certaine quantité d'argile, il forme le *terrain léger* et n'est pas sans quelques avantages. Les plantes y lèvent et mûrissent de bonne heure ; les cultures y sont faciles et peu coûteuses ; il n'exige pas une grande quantité d'engrais à la fois, mais il demande à être fumé fréquemment, à doses modérées.

Plus le sol sablonneux, tout en conservant son caractère de terrain léger, contient d'argile, plus le nombre des plantes qu'on peut y cultiver augmente ; il convient surtout au seigle, au sarrasin, aux navets, aux pommes de terre.

Il peut être amélioré par le marnage et surtout par l'irrigation; le parcage des troupeaux lui est très-profitable.

Le terrain calcaire n'offre que de faibles ressources à l'agriculture quand il n'est pas mélangé de sable ou d'argile.

Cette espèce de terrain absorbe, comme l'argile, une forte proportion d'eau, mais il la laisse évaporer plus facilement ; détrempé, il forme pâte et adhère aux instruments, mais il se réduit en poudre par la sécheresse.

La présence du calcaire dans le sol le modifie notablement ; il divise le terrain fort et donne de la consistance au terrain léger ; il communique de la qualité aux grains. Après une pluie abondante, le terrain calcaire se prend en croûte ; la gelée le soulève, les engrais s'y décomposent avec une extrême rapidité ; sous un climat sec, les plantes y souffrent beaucoup de la chaleur ; quand il n'est pas humide, il se laboure facilement, il se ressuie rapidement.

L'orge, le sainfoin, la lupuline, la vigne, le mûrier, l'amandier, sont les plantes qui y réussissent le mieux.

Mêlé dans de bonnes proportions, l'argile, le sable et le calcaire forment d'excellents sols. Les meilleurs sont désignés sous le nom de *terres franches ;* leur culture est facile ; les céréales, la luzerne et les autres fourrages, les récoltes-racines, toutes les plantes, en un mot, y prospèrent.

La partie supérieure du sol attaquée par les instruments, constitue la *couche arable*, appelée aussi *sol actif*. Plus elle est profonde, moins les plantes souffrent de l'humidité et de la sécheresse ; en y plongeant fort avant leurs racines, elles épuisent moins la surface et sont moins sujettes à verser. Plus le sol est superficiel, plus les défauts de la constitution minérale se font sentir ; ils peuvent, toutefois, se modifier à l'aide du *sous-sol*. On distingue sous ce nom la couche de terre placée immédiatement au-dessous de la couche arable. Le sous-sol donne-t-il librement passage à l'eau, on le dit perméable ; on l'appelle imperméable quand l'eau s'y infiltre difficilement.

Pour donner plus d'épaisseur à la couche arable, il suffit de ramener à la surface une partie du sous-sol. Un sous-sol sablonneux ou calcaire est très-utile pour améliorer la couche arable qui pèche par excès d'argile, et réciproquement, un sous-sol argileux bonifie la surface sablonneuse ou trop calcaire; dans le premier cas, il divise et ameublit le terrain fort; dans le second cas, il apporte à la surface les qualités qui lui manquent, il y retient la fraîcheur et l'empêche de se dessécher trop promptement; dans les terrains profonds, toutes les plantes poussent avec plus de vigueur et donnent des récoltes plus abondantes. Les terrains superficiels ont tous les défauts inhérents à leur composition minérale; les plantes y souffrent des alternatives d'une température extrême et leurs produits y sont peu assurés; les récoltes, il est vrai, présentent une belle apparence au printemps, mais, à mesure que l'été s'avance, elles déclinent et souvent les grandes sécheresses les font périr.

Indépendamment des éléments qui le constituent, certaines circonstances exercent une influence plus ou moins considérable sur la valeur du sol, telles sont, entre autres, la couleur du terrain, sa faculté d'échauffement, la forme de sa surface, son exposition et le climat sous lequel il se trouve placé.

Plus la couleur du sol est foncée, plus le terrain s'échauffe facilement; il est d'autant plus froid, que sa coloration est plus pâle : il s'ensuit que, dans ce dernier, la végétation, à chances d'ailleurs égales, est plus retardée que dans les sols colorés. Le sable s'échauffe plus vite que l'argile et les récoltes qu'il porte se ressentent davantage des changements brusques de la température; les gelées blanches, entre autres, y nuisent plus que dans les terrains argileux. Cependant le degré de fertilité du sol atténue, en partie, cet inconvénient; le terrain bien travaillé et en bon état d'engrais s'élève à un degré de chaleur plus élevé que le sol pauvre et mal cultivé.

La forme de la surface, l'exposition et le climat, peuvent encore augmenter ou diminuer la valeur du sol.

Le terrain plat ne se débarrasse de la pluie que par l'absorption ou l'évaporation; le sol en pente s'en décharge, en outre, par l'écoulement. Le premier s'échauffe moins aux rayons du soleil que le second: aussi les récoltes sont-elles généralement plus tardives dans les plaines que dans les terrains en pente. Les terres légères en plaine ont plus de valeur que celles de même nature qui sont en pente; c'est l'inverse pour les terres fortes, quand il y a excès d'argile.

L'exposition du terrain n'est pas indifférente.

Le sol au nord conserve plus longtemps son humidité, se réchauffe et se ressuie moins vite que les terres au midi; les gelées et les vents froids s'y font aussi sentir avec plus de force, et leurs produits ont, généralement, moins de qualité.

Les terrains exposés au levant s'échauffent dès le matin; comme la végétation y passe brusquement du froid de la nuit à l'impression du soleil, elle a souvent à souffrir des gelées du printemps.

Les terres au couchant gardent plus longtemps la rosée; le soleil y prolonge son action dans l'après-midi.

Une pente trop rapide ne convient à aucun sol, les fortes pluies y occasionnent des ravinements et en enlèvent la terre végétale; les labours et les charrois y sont très-difficiles, aussi convient-il mieux de les planter en bois que de les soumettre à des cultures annuelles.

Les plaines à surface très-inégale retiennent les eaux et sont parfois difficiles à assainir.

Quant au climat, il donne d'autant plus de valeur au sol, qu'il convient mieux à la végétation : le degré de température et le degré d'humidité sont les points dont il importe le plus de tenir compte.

Plus le pays est élevé, plus la température est froide; il tombe plus de pluie dans les pays montagneux que dans les pays de plaines; les premiers conviennent mieux aux pâturages et aux forêts, les seconds sont préférables pour les cultures qui exigent le travail de la charrue.

Dans un climat sec, les rosées fréquentes et abondantes suppléent à la rareté des pluies; les récoltes profitent d'autant mieux de leurs bienfaits, que le sol est ameubli avec plus de soin à la surface.

Un climat humide, à part la production de l'herbe qu'il favorise, présente ordinairement plus d'inconvénients que d'avantages au cultivateur.

Les terrains argileux se trouvent bien de l'action des vents, ceux-ci contribuent à les ressuyer au printemps; dans les terres légères, au contraire, ils sont nuisibles, ils leur enlèvent la fraîcheur et les dessèchent.

Le voisinage des hautes montagnes expose les récoltes aux gelées du printemps et de l'automne.

La proximité de la mer rend la température plus égale.

Les brouillards qui s'élèvent des marais refroidissent l'atmosphère et exposent les récoltes à souffrir des gelées précoces et tardives; ils occasionnent des maladies aux plantes, et diminuent souvent la quantité et la qualité de leurs produits.

Certaines contrées sont plus sujettes que d'autres aux orages. Ceux-ci suivent, tantôt, le cours des rivières, tantôt, se formant sur les montagnes et les coteaux, ils partent de là pour ravager le bas pays; quelquefois, ils se divisent à leur point de départ, et se portent, de préférence, sur certaines localités, sans qu'on en connaisse bien la cause.

Toutes ces considérations ont une importance réelle en agriculture; elles peuvent augmenter ou diminuer la valeur du sol en favorisant ou contrariant les travaux du cultivateur, et en portant atteinte à ses récoltes.

PRÉPARATION DU SOL

Le sol qui n'a jamais été soumis à la culture se trouve rarement, de prime abord, dans de bonnes conditions de production ; il est ordinairement envahi par des buissons, des bruyères, encombré de pierres, ou bien endommagé par les eaux ; il faut, avant tout, se débarrasser de ces obstacles, c'est le but qu'on se propose par le défrichement, l'épierrement et l'assainissement.

Défrichement.

L'enlèvement des ronces, des épines, des arrête-bœuf et autres plantes ligneuses nuisibles, éparses çà et là, n'est qu'une question de main-d'œuvre qui ne rentre pas dans le défrichement proprement dit : la pioche et le four en font justice ; immédiatement après leur extirpation, le sol peut être mis en culture.

Il n'en est pas de même des bruyères. La plupart du temps, elles couvrent de grandes surfaces, et y laissent un principe nuisible à la végétation des plantes utiles : aussi la charrue ne suffit-elle pas toujours pour rendre ces sortes de terrains à la culture, et faut-il auparavant les faire passer par le brûlis. On choisit la saison la plus chaude pour mettre le feu aux bruyères, en ayant soin de ne pas allumer d'incendies ; quand tout a été bien consumé, on introduit la charrue dans le sol et l'on consacre une année entière à l'aérer et à l'ameublir par des labours répétés.

Si l'on a affaire à de vieilles bruyères fortement enracinées, au lieu du brûlis, il faut employer l'écobuage. Cette opération consiste à écroûter la surface du sol pour la soumettre à une combustion lente dans des buttes ou fourneaux construits avec la croûte du terrain préalablement séchée. On pèle le sol à la charrue ou avec l'instrument appelé *écobue*; on dresse les bandes de terre les unes contre les autres, et quand elles sont bien sèches, on les divise avec une bêche pour en faire, de distance en distance, des tas ronds de 1^{m},40 de hauteur sur 1^{m},60 de largeur. Le côté herbeux est placé à l'intérieur du tas, où l'on a ménagé du vide pour y introduire des matières inflammables, étoupes, paille, brindilles ou menu bois. On profite d'un beau temps pour mettre le feu, et l'on s'arrange de manière que les tas brûlent lentement ; la combustion finie, on répand les cendres à la surface du champ et on les enterre le plus tôt possible, par un léger labour. L'application de la chaux aux terrains de bruyères qu'on vient de défricher, complète l'opération ; à défaut de chaux, on a recours au noir animal ; par ces moyens soutenus de bonnes fumures, le sol entre promptement en rapport, il produit des récoltes de seigle, de sarrasin, de rutabagas, et peut aussi être converti en prairie naturelle.

Epierrement.

La présence d'une petite quantité de cailloux dans la couche arable est quelquefois avantageuse en communiquant au sol, tantôt plus de fraîcheur, tantôt plus de chaleur; mais un trop grand nombre de pierres gênent la marche des instruments aratoires, frappent d'improduction une partie du terrain et usent rapidement herses, charrues, extirpateurs, etc. Leur enlèvement n'entraîne pas trop de dépenses

Ravale.

lorsqu'on dispose de beaucoup de bras; on l'effectue, du reste, dans la mauvaise saison, et avec des femmes et des enfants. Les pierres d'un petit volume peuvent être utilisées pour l'entretien des chemins. Lorsqu'elles sont trop grosses pour être enlevées sans de fortes dépenses, on s'en débarrasse en minant le sol tout autour, de manière à les enfouir au-dessous des atteintes de la charrue. Les roches fixées dans le sol, près de la surface, doivent être attaquées avec la poudre par des ouvriers habitués à la mine et aux pétards; cette opération exige de l'expérience et beaucoup de précautions. Les vides que laisse l'extraction des roches sont comblés par des transports de terre, ils s'exécutent économiquement avec l'instrument connu sous le nom de *galère* ou *ravale*; un cheval suffit pour le traîner.

Lorsque les roches sont en trop grand nombre pour que leur extraction devienne profitable, on se borne à cultiver les intervalles libres: la vigne, le mûrier, le noyer, l'amandier, le buis, si le sol se trouve par trop encombré, sont le meilleur moyen d'en tirer parti.

Assainissement.

De tous les obstacles inhérents au sol contre lesquels le cultivateur ait à lutter, l'excès d'humidité est un des plus difficiles à surmonter; telle est l'importance de l'assainissement du terrain, que, tant qu'on ne l'a pas obtenu, toute tentative d'amélioration risque fort d'aboutir à une dépense stérile.

En effet, l'humidité permanente du sol, quelle qu'en soit la cause, a pour conséquence de gêner les cultures, de paralyser l'action des engrais et de nuire à la germination et au développement des semences; dans un sol constamment humide, les récoltes sont toujours retardées et souvent compromises; la maturité s'effectue mal, et les produits ont peu de qualité; les mauvaises herbes surtout y pullulent et sont très-difficiles à détruire, les fourrages, enfin, ne sont jamais que grossiers; il n'est pire position pour le cultivateur : il y expose sa santé, s'y épuise en vains efforts, et y laisserait son argent, s'il ne cherchait promptement à remédier à cet état désastreux.

La première chose à faire quand on veut assainir un terrain, est de s'assurer de l'origine de l'humidité; elle peut provenir des eaux sous-jacentes ou des eaux de la surface. Les sources, comme on le sait, sont formées par les eaux de pluie et par la fonte des neiges. L'eau, traversant des couches poreuses, pénètre dans le sol et s'y enfonce jusqu'à ce qu'elle soit arrêtée par une couche imperméable, roche ou argile; elle s'accumule alors, en plus ou moins grande quantité, dans ce réservoir naturel, et, pressée par l'épaisseur des couches supérieures du sol, s'échappe de son lit pour venir sourdre à la surface; dans ce cas, il faut aller prendre les sources à leur point de départ en pénétrant jusqu'à elles, à l'aide de tranchées; une fois qu'on est maître de l'eau, on la réunit, et on l'écoule par un fossé de décharge.

Les infiltrations ont souvent pour cause la stagnation de l'eau dans les fossés qui entourent les champs; il faut alors donner plus d'écoulement à l'eau en augmentant la profondeur ou la pente des fossés.

L'humidité de la surface est ordinairement occasionnée par le débordement des cours d'eau ou par les eaux de pluie tombant abondamment sur un sol argileux où elles s'évaporent avec lenteur. Pour débarrasser les terrains inondés, on ouvre une issue à l'eau au moyen de larges fossés creusés dans le sens de la pente du terrain ; ces fossés restent constamment ouverts si les débordements sont fréquents.

Dans les terres de consistance moyenne, c'est-à-dire ni trop légères, ni trop fortes, il est rare que les eaux de pluie séjournent longtemps à la surface, si le terrain n'est pas absolument plat. De simples rigoles d'écoulement tirées avec la charrue ou le buttoir, amènent généralement l'écoulement de l'eau. Dans les sols argileux, ces rigoles, non-seulement sont indispensables, mais il faut, de plus, des labours profonds pour assainir la surface, encore ceux-ci ne suffisent-ils pas lorsque les terres sont très-tenaces, qu'elles recèlent des sources ou sont envahies par des infiltrations ; il faut alors recourir aux fossés ou, mieux encore, au drainage.

On distingue deux sortes de fossés, les fossés à ciel ouvert et les fossés couverts.

Le fossé à ciel ouvert est très-efficace pour débarrasser le sol des eaux accumulées dans ses dépressions. Il rend encore de grands services sur les plateaux à pente insensible, où il n'est pas toujours facile de trouver une issue directe pour l'évacuation des eaux; dans ce cas, on divise la surface, dans le sens de la pente, par des fossés où viennent aboutir tous les travaux d'assainissement.

Mais, à part ces circonstances spéciales, le fossé à ciel ouvert est rarement employé dans l'intérieur des terres à cause de l'espace qu'il fait perdre à la production, de la surveillance qu'il exige et de la gêne qu'il apporte à la culture; partout on l'a remplacé par le fossé couvert. Celui-ci, ainsi que son

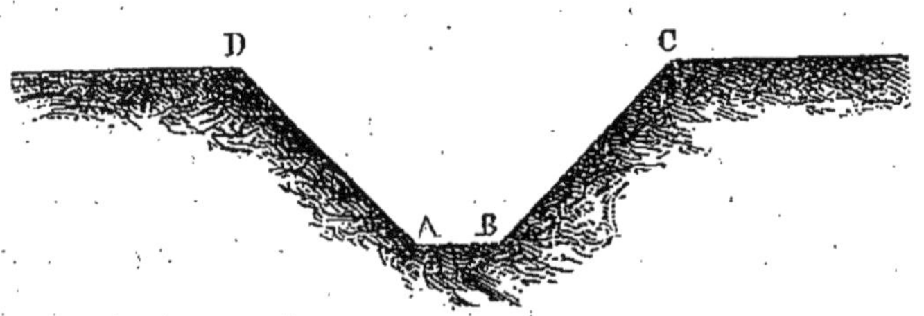

Fossé à ciel ouvert.

nom l'indique, ne fait perdre aucune partie de terrain; de nos jours, il a reçu de tels perfectionnements sous le titre de *drainage*, que les anciens procédés, à part le fossé à coulisse et le fossé à pierres, ont été entièrement abandonnés.

Drain.

Le drainage comprend l'ensemble des opérations

qui ont pour but de délivrer le sol des eaux qu'il renferme en excès.

Le drain se compose d'une tranchée au fond de laquelle on place, bout à bout, des tuyaux cylindriques A, en terre cuite, appelés tuyaux de drainage; sa forme est étroite, afin d'éviter un déplacement de terre plus considérable que celui est strictement nécessaire à la pose des tuyaux; cette pose une fois faite, on rejette dans le drain la terre qu'on en avait extraite, et rien de ce travail souterrain ne paraît à la surface du champ. Les eaux surabondantes se font jour à travers le sol, elles tombent, de droite et de gauche, au fond du

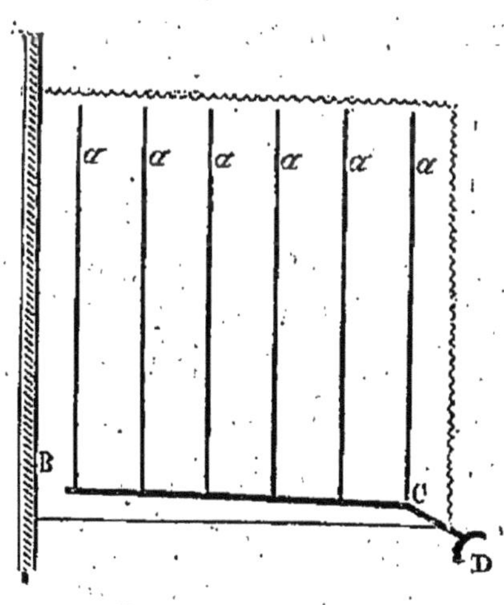

Drain collecteur.

drain, entrent dans les tuyaux par leurs joints *a, a, a, a, a, a;* et sont recueillies à leur sortie par un drain spécial appelé *drain collecteur* B, C, dont l'orifice de décharge est représenté par la lettre D.

Jusqu'à une certaine limite, un drain assainit un espace proportionnel à sa profondeur. D'après ce principe, un drainage superficiel exige que les drains soient rapprochés; on peut au contraire les écarter proportionnellement quand le drainage est profond. L'expérience a établi les limites extrêmes de la profondeur des drains entre $0^m,90$ et $1^m,30$; la profondeur généralement adoptée est $1^m,20$. L'espacement ordinaire des drains varie de 10 à 15 mètres.

Une terre qui réclame impérieusement le drainage doit être drainée à 10 mètres d'espacement.

Le drainage à tuyaux présente de tels avantages sur les anciens procédés, qu'il doit généralement leur être préféré; cependant, certaines circonstances peuvent motiver l'emploi de la coulisse et du sac de pierres. Il est des localités, en effet, où l'on ne se procure pas facilement des tuyaux de drainage; d'un autre côté, il se peut que le sol soit encombré de pierres, et qu'il y ait avantage à s'en débarrasser en les faisant servir à son assainissement : l'ancienne méthode trouve alors son emploi.

Un drain à coulisse exige plus de largeur dans le fond que le drain à tuyaux; en général, cette largeur n'a pas moins de 30 centimètres. Voici comment on procède. On pose d'abord une pierre à plat dans le fond; on dresse ensuite contre les parois du drain deux autres pierres de champ et l'on recouvre ces dernières d'une quatrième pierre mise à plat; on a ainsi un petit canal qui fonctionne d'autant mieux, qu'on a bouché plus soigneusement avec de petites pierres les interstices de la toiture ; si l'on a

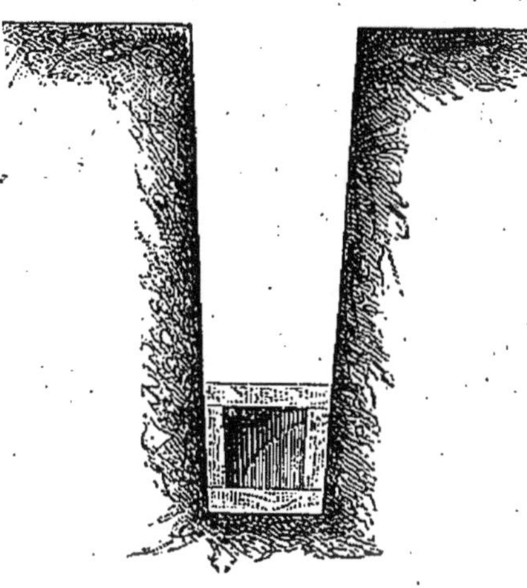

Drain à coulisse.

à se débarrasser d'autres pierres, on peut remplir le drain jusqu'à 50 ou 60 centimètres de la surface.

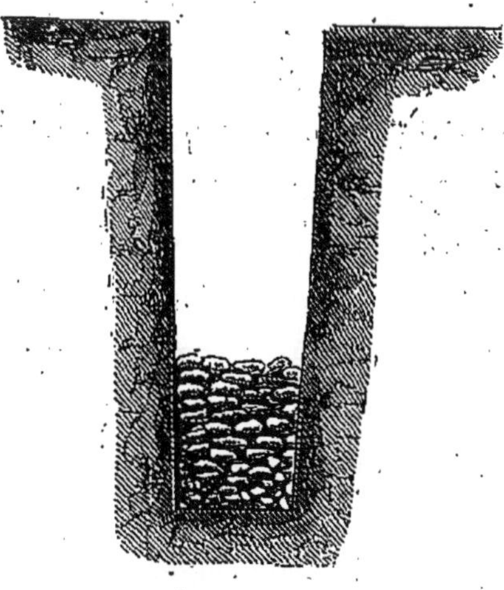

Drain à pierre.

Un drain à pierre présente les mêmes dimensions que le drain à coulisse, et peut être rempli de pierres jusqu'à la même hauteur, mais il faut lui donner une épaisseur de 35 centimètres au moins.

Ces deux modes, pour produire un effet utile, doivent être soumis aux mêmes règles que celles applicables aux drains à tuyaux ; il ne faut pas les employer dans les sols à faible pente ; ils fonctionnent mal au-dessous de 5 millimètres par mètre, à cause des circuits que l'eau est obligée de faire, et des arrêts qu'elle rencontre.

AMENDEMENT DU SOL

Marnage, chaulage, irrigation.

Tout ce qui tend à corriger les défauts naturels du sol, tout ce qui contribue à rétablir l'équilibre entre les différentes substances minérales qui le composent, soit qu'il s'agisse d'augmenter la consistance et la fraîcheur des terres légères, soit qu'on veuille diminuer la tenacité et l'humidité des terres fortes, peut être considéré comme amendement. Le marnage, le chaulage et l'irrigation sont les principaux moyens qu'on emploie dans ce but.

1. Marnage.

Le marnage est une opération par laquelle on se propose de modifier la constitution du sol en y introduisant l'élément calcaire ou en augmentant ses proportions, s'il en contient déjà. Tout terrain qui ne renferme pas de calcaire se trouve amélioré par cela seul qu'on l'y ajoute ; il se prête, dès lors, à une culture plus variée, les fourrages y réussissent mieux, les grains y sont plus abondants, plus lourds et de meilleure qualité.

Pour appliquer la marne avec fruit, il faut d'abord s'assurer que le terrain ne contient pas de calcaire ou qu'il n'y existe pas en assez forte dose ; il faut, en outre, connaître la qualité de la marne que réclame la nature du sol.

La marne est un composé naturel de carbonate de chaux, d'argile et de sable, unis entre eux d'une manière intime, bien distinct du mélange artificiel qu'on pourrait faire de ces diverses natures de terre.

C'est au carbonate de chaux que sont dus principalement les effets de la marne dans l'amendement des terres ; il tend à diviser les sols compactes, donne de la consistance aux terrains légers et rend les engrais plus aptes à servir de nourriture aux plantes.

L'aspect de la marne est très-variable. Elle se présente tantôt sous la forme d'une masse compacte, tantôt sous celle d'une masse feuilletée. On trouve des marnes à grain fin, d'autres ressemblent à une pâte grossière ; il en est de tendres et de friables, d'autres ont la consistance de pierres. Leur couleur n'offre pas moins de variations. On rencontre des marnes blanches, grises, vertes, bleues, noirâtres, etc., peu importe leur coloration, pourvu qu'elles aient les caractères de la marne et qu'elles possèdent les qualités qu'on désire.

Toute marne se reconnaît à ce double caractère : 1° de se déliter à l'air ou dans l'eau: dans le premier cas, elle tombe en poussière ; dans le second cas, elle se réduit en bouillie ; 2° de faire effervescence, c'est-à-dire de bouillonner quand on verse dessus de l'acide chlorhydrique, nitrique ou sulfurique ; l'acide, en contact avec la marne, dissout le carbonate de chaux et laisse intacts le sable et l'argile ; à l'aide de lavages répétés, on s'assure de la proportion de ces deux espèces de terres.

La première chose à faire, quand on veut rechercher si une terre est réellement de la marne, est d'en faire sécher un morceau à la température de l'eau bouillante, jusqu'à ce qu'il ne perde plus de poids ; ce point de dessiccation obtenu, on en pèse 10 grammes, ce qui fait 100 décigrammes. On place cette marne, avec trois ou quatre cuillerées d'eau, dans un verre à boire. Quelques espèces de marne absorbent rapidement l'eau et tombent en bouillie au fond du verre, d'autres ne produisent cet effet que lentement et successivement, jusqu'à ce qu'elles se réduisent en poudre fine, telles sont, notamment, les marnes ayant la consistance de pierres. On verse alors dessus un filet d'acide chlorhydrique ; il se produit aussitôt un bouillonnement considérable; l'effervescence apaisée, on agite doucement le mélange avec une petite baguette de bois, et si le bouillonnement se renouvelle, on attend un moment avant de verser un nouveau filet d'acide ; cet acide fait recommencer l'effervescence ; quand elle est calmée, on agite encore avec la petite baguette ; on continue ainsi les effusions d'acide et les agitations jusqu'à ce que la dernière addition ne produise plus aucun effet.

Dès que l'opération est arrivée à ce point, on remplit le verre avec de l'eau, on agite doucement et dans tous les sens avec la petite baguette, puis on laisse reposer. Le sable et l'argile tombent au fond du verre, tandis que le carbonate de chaux qui était dans la marne reste dissous dans l'eau. Lorsque cette solution est devenue parfaitement limpide, on la décante avec précaution pour ne laisser échapper aucune partie du dépôt. La liqueur ainsi décantée est remplacée par de nouvelle eau ; on agite légèrement, on laisse déposer, et quand la limpidité est complétement rétablie, on décante de nouveau ; ce lavage se répète encore une ou deux fois ; après la dernière décantation, le dépôt est recueilli avec soin sur une soucoupe en porcelaine, et desséché sur des cendres chaudes jusqu'à ce qu'il soit à l'état pulvérulent. On achève ensuite cette dessiccation au bain-marie bouillant, et l'on en prend le poids. S'il représente 30 décigrammes, on en conclut qu'il y avait dans la marne 70 décigrammes de carbonate de chaux, puisqu'il y a eu en expérience 100 décigrammes. La partie laissée intacte par l'acide est ou du sable ou de l'argile ou quelquefois un mélange de l'un et de l'autre. Dans ce dernier cas, on sépare le sable de l'argile en délayant ce résidu dans l'eau, en agitant ce mélange et décantant le liquide pendant qu'il est encore trouble : le sable se précipite au fond du vase, tandis que l'argile restant en suspension dans le liquide ne se dépose qu'après la décantation. On peut donc, par ce moyen, les recueillir séparément l'un et l'autre et les dessécher pour en prendre la proportion ; cette dernière opération est presque aussi utile que la première, quand la quantité de carbonate de chaux est faible, parce que tel terrain recevra avec avantage une marne où l'argile domine, tandis que tel autre sera mieux amendé par celle qui renferme plus de sable.

Toute substance suceptible de se déliter à l'air ou dans l'eau et de faire effervescence avec un acide, doit être considérée comme de la marne.

Les proportions suivant lesquelles l'argile, le sable et le carbonate de chaux sont réunis, varient beaucoup ; elles constituent les diverses natures de marne.

Quelquefois l'argile et le carbonate de chaux se trouvent en proportions égales dans la marne ; d'autres fois, l'un ou l'autre prédomine ; quand l'argile l'emporte, au point de surpasser, des deux tiers, la quantité de carbonate de chaux, cette combinaison prend le nom de *marne argileuse ;* au contraire, si c'est le carbonate de chaux qui domine dans la marne, on l'appelle *marne calcaire*; lorsqu'elle contient moins de 20 pour 100 de carbonate de chaux, on ne la considère plus que comme une *argile marneuse.* Cette distinction dans la composition de la marne est de la plus grande importance pour l'amendement d'un terrain. S'agit-il, en effet, de corriger les défauts d'un sol argileux, de le rendre plus perméable et moins humide, l'emploi de la marne calcaire sera nécessaire pour diviser, ameublir, réchauffer et assainir ce sol tenace et froid; au contraire, si l'on veut amender une terre légère, diminuer sa trop grande porosité, et tempérer sa chaleur en lui donnant plus de consistance, il faudra recourir à la marne argileuse.

La quantité de marne qu'il convient d'employer par hectare ne peut être déterminée d'une manière absolue pour tous les sols; la proportion de 3 à 5 pour 100 de carbonate de chaux dans le sol est généralement regardée comme la plus favorable. On profite des gelées de l'hiver pour porter la marne sur les champs ; on l'y dépose par petits tas de même volume et à égale distance les uns des autres. La marne exposée à l'air ne tarde pas à se déliter et à tomber en poudre sous l'influence du vent, de la pluie et du soleil; sa pulvérisation est un point essentiel à obtenir pour qu'elle produise tous ses effets. Tant qu'elle reste agglomérée en morceaux, il ne faut pas l'enfouir, car elle resterait longtemps dans le sol à l'état de rognon et agirait peu sous cette forme; quand elle a été suffisamment réduite en poudre, on répand les tas à la surface du sol au moyen d'une pelle, et l'on se sert d'une herse pour en répartir également le contenu sur tout le champ ; un labour léger l'incorpore dans le sol.

Un des principaux effets de la marne est de faire absorber par les plantes les principes fertilisants contenus dans le sol, et d'augmenter ainsi la production. Si l'on profite du marnage pour se procurer des fourrages, ils apportent avec eux l'engrais dont le sol marné a besoin ; la marne alors devient une source de fertilité.

Mais si l'augmentation des récoltes s'appliquait exclusivement aux céréales, elle aurait pour résultat d'appauvrir le terrain, et elle l'épuiserait infailliblement si on ne lui rendait pas, par des fumures, la fertilité que la végétation lui a enlevée. Il faut donc, en même temps qu'on marne le sol, lui donner les engrais qu'il réclame ; la marne, loin de dispenser de cette obligation, la rend plus impérieuse ; en la négligeant, on s'expose, après deux ou trois belles récoltes qui suivent immédiatement le marnage, à n'avoir désormais qu'un terrain de plus en plus épuisé.

La marne judicieusement appliquée produit des effets étonnants sur le sol, elle le transforme complétement : c'est ainsi qu'on voit souvent des terres à seigle changées en terres à froment. Les terres argileuses marnées, devenues plus perméables, moins humides et moins froides, donnent des récoltes plus assurées, plus abondantes et de meilleure qualité. Par le marnage, la paille des céréales devient plus forte, le grain est mieux nourri et rend plus en farine ; les défrichements de bruyères, les dessèchements de marais, éprouvent les meilleurs effets de l'application de la marne. Mais, pour jouir de ses bienfaits, il faut quatre conditions : 1° connaître la nature du sol qu'on veut marner ; 2° s'assurer de la qualité de la marne à employer; 3° l'appliquer en temps opportun et l'incorporer avec soin dans le sol; 4° enfin, fumer en même temps qu'on marne et, d'autant plus, que le sol se trouve plus appauvri; le sol alors se trouve bientôt renouvelé, et l'on n'a plus qu'à entretenir sa fertilité au moyen de bonnes fumures et d'un choix de récoltes appropriées à la nature du terrain.

2. Chaulage.

Le chaulage est une opération analogue au marnage, seulement il agit plus vite et avec plus d'énergie, aussi dure-t-il moins longtemps.

On donne le nom de chaux aux pierres calcaires qu'un certain degré de chaleur a privées de l'acide carbonique qu'elles contenaient.

Parmi les différentes espèces de chaux dont on peut faire usage en agriculture, on distingue principalement la chaux grasse et la chaux maigre : la première forme avec l'eau une pâte liante; à mesure égale, elle contient plus de calcaire; la seconde, presque toujours mélangée de sable, contient beaucoup d'argile et moins de calcaire; elle forme une pâte grenue, peu ductile.

Les différentes pierres à chaux présentent souvent un mélange de sable et d'argile qui diminue d'autant l'efficacité du chaulage; pour connaître la quantité de chaux pure que renferme une pierre calcaire, on verse de l'acide chlorhydrique très-étendu d'eau dans un verre et l'on y plonge la pierre calcaire en expérimentation ; l'acide dissout la chaux, et laisse intactes les matières étrangères ; il suffit alors de laver et de dessécher ces matières, comme on le fait en analysant de la marne ; leur poids, comparé au poids primitif de la pierre calcaire, indique le degré d'impureté de la chaux, et détermine la proportion suivant laquelle on devra l'employer.

La chaux entre dans l'alimentation des plantes, mais son principal rôle est d'attaquer les matières fertilisantes contenues dans le sol. Il est donc indispensable de rendre à la terre, par des fumures, les substances organiques que la chaux fait passer rapidement dans les récoltes, sous peine de voir le sol frappé bientôt d'épuisement. La chaux, ainsi que la marne, ne peut être considérée comme un engrais propre à rétablir les forces d'un terrain: c'est un moyen d'amender le sol et de mettre en activité ses richesses inertes, mais qui exige impérieusement le concours du fumier.

Indépendamment de ces conditions, il faut encore, pour que la chaux produise de bons effets, que le sol ait été préalablement assaini. La chaux contribue, il est vrai, à faire disparaître l'humidité surabondante, mais tant que celle-ci persiste, les résultats du chaulage sont à peine sensibles : la chaux ne dispense pas des opérations du dessèchement, elle complète l'assainissement du sol, mais ne le fait pas.

La chaux s'emploie, en général, en agriculture, après avoir été éteinte. On la dépose par petits tas de même volume et à égale distance sur le sol; on la recouvre avec une couche de terre, et on la laisse en cet état jusqu'à ce qu'elle soit pulvérisée ; quand elle est en poudre, on la répand avec une pelle à la surface du sol, et l'on se hâte de l'enfouir par une culture superficielle ; ses bons effets dépendent de son mélange parfait avec la couche arable, condition qui ne peut être remplie que lorsqu'elle a été enfouie sèche et bien divisée.

La quantité de chaux à employer par hectare varie selon la qualité de la pierre à chaux et la nature du sol. On peut en mettre de 150 à 200 hectolitres sur des terres argileuses ; dans des sols légers, il faut prendre garde d'en appliquer une trop forte dose ; mieux vaut y revenir de temps en temps. 60 hectolitres de chaux par hectare constituent un bon chaulage quand l'opération doit être reprise tous les cinq ou six ans, et qu'on peut fumer deux fois le terrain pendant cet intervalle de temps.

Le chaulage bien appliqué a pour résultat d'améliorer fortement le sol qui manque ou n'a pas assez de calcaire dans sa composition ; il donne, en outre, de la qualité aux récoltes, et contribue puissamment à la destruction des mauvaises herbes.

3. Irrigation.

L'irrigation a pour but de remédier à la sécheresse du terrain, de fournir aux plantes l'humidité dont elles ont besoin pour prospérer, et de leur apporter, dans certains cas, les substances propres à leur nutrition.

L'irrigation ne doit être entreprise qu'autant qu'on dispose, sans contestation, d'un cours d'eau, et que le sol a été préalablement nivelé, de manière à former un plan incliné, partant du canal principal d'arrosage et aboutissant au canal de décharge; il faut, en outre, s'assurer de la nature du sol sur lequel on veut agir, ainsi que de la quantité et de la qualité des eaux dont on a le libre usage.

L'examen du sol à irriguer réclame une attention particulière. Bien que l'irrigation profite à tous les terrains, elle convient, d'une manière spéciale, au sol sablonneux, surtout quand on peut employer des eaux limoneuses; celles-ci, indépendamment de l'engrais qu'elles apportent avec elles, corrigent la trop grande porosité du sol par le sédiment qu'elles y déposent : l'irrigation est le meilleur amendement qu'on puisse donner aux terres légères, on les élève, par ce moyen, au rang des meilleurs sols quand l'opération a été bien conduite. Les bons effets de l'irrigation se font aussi sentir sur les terrains de consistance moyenne; il n'est pas jusqu'aux sols argileux qui ne s'en trouvent bien, mais à la condition que l'eau s'infiltrera dans une couche suffisamment perméable, et que le terrain pourra se ressuyer promptement.

Toutes les eaux ne sont pas également propres à l'irrigation. Il en est qui frappent le sol de stérilité, ou qui n'y font naître que de mauvaises plantes; telles sont, entre autres, les eaux tenant en suspension des principes nuisibles à la végétation et les eaux crues ou peu aérées.

En général, toute eau qui dissout mal le savon doit être réputée suspecte ; il y aurait plus d'inconvénients que d'avantages à l'employer, si l'on ne corrigeait ses défauts en lui faisant traverser des dépôts de fumier. D'autres eaux, au contraire, sont éminemment propres à l'irrigation ; de ce nombre sont les eaux battues et celles qui contiennent du carbonate de chaux, ou qui se sont chargées, sur leur passage, de substances animales ou végétales ; ces dernières forment un véritable engrais. L'eau est d'autant meilleure pour l'irrigation, qu'elle contient plus de principes fertilisants ; l'eau et le fumier devraient donc toujours aller de pair, mais il est bien rare que l'insuffisance des engrais ne se fasse pas sentir plus ou moins, lorsque l'eau d'irrigation ne jouit pas naturellement de propriétés fertilisantes.

Il n'est nullement indifférent de connaître la quantité d'eau qu'on peut employer à l'irrigation. Là où elle est insuffisante, l'arrosage perd la plupart de ses avantages. Le volume du cours d'eau, sa rapidité, la faculté absorbante du sol et la nature du climat sont les principaux éléments qui peuvent servir à apprécier la quantité d'eau dont on veut arroser une surface déterminée. On sait que sous un climat chaud, un hectare exige 1 décimètre de hauteur d'eau sur toute la surface, ou 1000 mètres pour chaque arrosage ; selon que le sol est plus poreux ou le climat plus sec, on revient plus souvent à l'irrigation ; le laps de temps qui sépare chaque arrosage varie, en outre, suivant que les circonstances atmosphériques facilitent ou contrarient l'évaporation.

Toute la théorie de l'irrigation consiste à amener l'eau par un canal sur la partie la plus élevée du sol, à la faire déverser, à l'aide de barrages, et à l'évacuer par un canal de décharge, après que le sol a été suffisamment arrosé.

L'eau étant amenée en tête d'un terrain, l'art de l'irrigateur consiste à la répandre de la manière la plus profitable. Pour atteindre ce résultat, il faut : 1° que le système adopté ne dépense que l'eau nécessaire pour arroser une surface donnée ; 2° il faut que l'eau soit uniformément répartie sur la surface irriguée, afin que les plantes qui la couvrent en profitent également ; 3° dès que le terrain est suffisamment baigné, l'eau ne doit pas rester stagnante.

Dans le nord, le centre, l'est et l'ouest de la France, l'irrigation n'est guère employée que pour les prairies. Dans le midi, on l'applique à la culture maraîchère, aux prairies artificielles, aux pommes de terre, aux haricots et parfois aussi aux céréales.

L'époque et la durée de l'arrosement dépendent de la température, de la nature du sol et d'autres circonstances que l'expérience fait connaître ; les données suivantes peuvent servir de guide d'une manière générale.

L'arrosement du premier printemps n'est favorable, qu'autant que la terre se trouve déjà réchauffée, il peut même devenir nuisible s'il survient de fortes gelées. Après cette époque, les arrosements, si l'on dispose d'une quantité d'eau suffisante, peuvent être répétés sur un terrain perméable ; au contraire, dans un sol argileux, ils doivent cesser dès que le sol est saturé : un arrosement prolongé refroidirait la terre par l'évaporation continuelle de l'eau.

Les eaux limoneuses, excellentes quand l'herbe est courte, ne doivent pas être employées quand elle a une certaine hauteur, elles la fument, il est vrai, mais elles l'envasent et y déposent, en se retirant, un limon nuisible aux animaux. Ces eaux, au contraire, sont très-avantageuses pour les arrosements d'automne ; le sol est alors sans récolte pendante, ce sont autant de fumures dont profiteront les futures récoltes.

L'arrosement d'hiver, très-apprécié dans certaines localités, est inconnu dans d'autres. Il présente de grands avantages quand on peut couvrir les prairies d'une couche d'eau très-épaisse : la glace formée à la surface sert de manteau protecteur sous lequel l'eau circule ; la température intérieure se soutient ainsi au-dessus de zéro, tandis qu'à l'extérieur elle descend à plusieurs degrés. L'eau ne doit être enlevée que lorsque l'air est devenu assez doux pour que la prairie s'égoutte sans être exposée à geler.

Tant que l'eau domine le niveau du sol à arroser, il suffit de recourir aux canaux, pour en faire profiter le terrain, mais si le niveau de l'eau est inférieur à celui du sol, il faut nécessairement l'élever à ce niveau ; on y parvient à l'aide de machines, telles, par exemple, que les roues à godets ou norias mises ordinairement en mouvement par un manége. L'eau amenée par les norias est conduite, en général, par des cheneaux dans des canaux

Noria.

d'où elle se rend, au moyen d'ouvertures, dans les rigoles d'irrigation; ce mode d'arrosage est très-usité dans les jardins du midi de la France.

FERTILISATION DU SOL

Le sol, si parfait qu'il soit dans sa composition minérale, ne donne de récoltes profitables qu'autant qu'il possède un certain degré de fertilité. Toute substance animale ou végétale est apte à lui communiquer cette propriété, mais pour que ces matières puissent servir à la nourriture des plantes, il faut que, sous l'influence de l'air, de la chaleur et de l'humidité, elles dégagent, en se décomposant, les substances minérales renfermées dans leur organisme ; ce n'est qu'après avoir passé par ces modifications, qu'elles sont transformées en engrais.

Sous le nom d'engrais, on comprend donc toute substance propre à fertiliser le sol ; on peut, accidentellement, les suppléer, mais rien ne les remplace d'une manière permanente.

Tous les engrais peuvent être compris sous quatre divisions : les engrais purement végétaux, les engrais purement animaux, les engrais composés, et les engrais minéraux.

Engrais purement végétaux.

Cette catégorie renferme les engrais provenant exclusivement des plantes, tels sont : les engrais verts et les tourteaux.

1. Engrais verts.

Toute plante restituée à la terre, en pleine végétation et avant d'avoir porté graine, augmente sa fertilité, parce qu'en l'enfouissant, on rend au sol non-seulement les principes qu'il a fournis, mais, de plus, ceux qui ont été tirés de l'atmosphère.

Les engrais verts sont avantageux surtout pour les terres légères ; on s'en sert également avec profit pour fumer, de temps en temps, les pièces très-éloignées ou d'un accès difficile ; mais comme ils ne tiennent lieu de fumure qu'autant que les plantes qu'on y destine ont eu une végétation vigoureuse, il faut que e sol ait déjà une certaine richesse pour produire ce résultat ; dans aucun cas, ils ne peuvent constituer un système exclusif de fumure, ni suffire, d'une manière permanente, à maintenir le sol en état de production ; ce rôle n'appartient qu'au fumier, les engrais verts ne sont jamais que ses auxiliaires de passage.

Bien que toute espèce de plante puisse être convertie en engrais vert, celles-là seules méritent ce nom, dont le développement très-rapide permet de les enfouir utilement en pleine floraison ; il faut, de plus, qu'elles réunissent les conditions suivantes : 1° elles doivent être appropriées au climat, à la nature du sol, et être peu exigeantes sous le rapport de la fertilité ; 2° leur semence doit être peu coûteuse ; 3° il faut que leur végétation soit assez vigoureuse pour couvrir promptement le sol et empêcher les mauvaises herbes de prendre le dessus ; 4° elles doivent se décomposer rapidement après leur enfouissement pour profiter à la récolte suivante.

Les plantes employées ordinairement comme engrais verts sont : pour un climat humide, le sarrasin, la navette, le trèfle ; pour un climat sec et chaud, le lupin ; cette plante, ainsi que le sarrasin, réussit surtout dans un terrain sablonneux ; le trèfle et la navette conviennent mieux aux terres fortes ; les pois, les vesces, les fèves, formeraient d'excellents engrais verts si leur semence ne coûtait pas aussi cher ; ils demandent un sol de moyenne consistance, plutôt fort que léger.

L'action des engrais verts ne dure qu'un an.

2. Tourteaux.

On donne ce nom au résidu des plantes dont on a extrait les sucs ; les plus usités, pour fumer les récoltes, sont les tourteaux de colza, de sésame, d'arachide, on les emploie à l'état pulvérulent. Tantôt on les applique directement au sol, et, dans ce cas, on les enfouit à l'aide de la herse ou du scarificateur ; tantôt on les applique aux plantes en végétation.

On les répand à raison de 600 à 800 kilogrammes par hectare.

Engrais purement animaux.

Le sang, la chair, les os, le poil, la plume, la laine,

la corne, en un mot, tous les débris des animaux peuvent servir d'engrais ; mais ceux dont on fait le plus usage en agriculture sont : la matière fécale, la colombine, le noir animal, le parc et le purin.

1. Matière fécale.

C'est le plus riche et le plus actif de tous les engrais ; sous un petit volume, elle contient toutes les substances organiques et minérales nécessaires au développement des plantes ; malheureusement, en France, on n'apprécie pas assez cette source puissante de production qui, recueillie et traitée avec soin, doublerait sans peine nos récoltes. C'est par exception seulement qu'on en tire parti ; son usage, cependant, devrait être général ; les pays les plus avancés en agriculture, tels que le département du Nord, les environs de Lyon et de Nice, en font, depuis longtemps, un emploi très-profitable.

La matière fécale peut être utilisée sous deux formes : à l'état de poudrette ou à l'état frais.

La conversion en poudrette ne se justifie que dans les grands centres où se produisent des quantités de matière fécale difficiles à emmagasiner. Par sa dessiccation, elle perd plus de la moitié de ses principes fertilisants ; néanmoins, quand on ne l'a pas falsifiée avec des substances étrangères, telles que la tourbe et la terre, elle imprime une grande force à la végétation ; on la répand à raison de 1500 à 1800 kilog. par hectare ; son effet se fait sentir pendant un an, il est d'autant plus sensible, que la température de l'année a été plus humide.

La matière fécale fraîche, désignée souvent sous les noms de *gadoue*, *engrais flamand*, *engrais humain*, convient à tous les sols et à toutes les plantes ; à la longue, elle rend les terres fortes, plus compactes quand on ne leur applique que ces engrais ; elle n'a pas cet inconvénient sur les terres légères, et peut leur être distribuée indéfiniment. Sur toute espèce de sol, il importe, à cause de son énergie, de l'appliquer avec discernement, car donnée à trop forte dose, elle occasionne la verse et peut même brûler les plantes.

La meilleure manière de la conserver consiste à la déposer dans des fosses murées et à l'y laisser, pendant un certain temps, mêlée aux urines. On l'applique à l'état liquide, soit avant, soit après les semailles, et on la répand sous forme de pluie, au moyen d'une poche en bois, sur les plants repiqués ou sur les plantes en végétation.

Son action est instantanée et ne s'étend pas au delà d'une année.

L'odeur fétide de cet engrais est sans doute la principale cause qui le fait négliger ; rien n'est plus simple, cependant, que la désinfection des fosses d'aisances, il suffit d'y jeter 15 à 20 kilog. de terre, de sciure de bois ou de balle d'avoine mélangés à 1 kilog. de plâtre pulvérisé et 2 kilog. de couperose en poudre, pour 3 hectolitres de matière fécale ; vingt-quatre heures après que le mélange a été opéré avec un bâton, il peut être extrait de la fosse, complétement inodore.

On enlève la mauvaise odeur de la matière fécale liquide, en la faisant absorber par des substances charbonneuses ou par du plâtre en poudre; elle se répand ensuite à la volée sur les récoltes.

2. Colombine.

La colombine, engrais très-énergique, provient des déjections des poules et des pigeons. Rarement, on la produit en grande quantité, et, plus rarement encore, on la recueille et on la traite avec tout le soin qu'elle mérite. La plupart du temps, faute de la ramasser assez fréquemment, on la laisse se décomposer et détruire par les insectes; on éviterait ces pertes en mettant une couche de sable dans les colombiers et les poulaillers, et en les nettoyant tous les quinze jours, ou du moins tous les mois. On met la colombine au sec sous un hangar, recouverte de terre ou mêlée de plâtre jusqu'au moment de l'employer.

On la répand, en général, sur les récoltes en végétation, au sortir de l'hiver.

A la colombine doit être assimilé le *guano*, engrais étranger, formé par les déjections accumulées des oiseaux de mer. Son emploi s'est promptement répandu en France et, par suite, a donné lieu à de nombreuses falsifications. Le guano, pur de tout mélange, se reconnaît aux caractères suivants: Il exhale une forte odeur ammoniacale qui provoque l'éternument; sa saveur est piquante; il présente, dans sa masse, de nombreuses concrétions blanchâtres, demi-dures, qui se laissent écraser sous les doigts, et qui, exposées à l'air, tombent promptement en poussière, en répandant une vive odeur ammoniacale ; jeté dans l'eau, le guano gagne rapidement le fond et ne laisse rien surnager. L'hectolitre pèse, en moyenne, 93 kilog. ; chauffé sur une lame mince de fer, il se boursoufle, noircit et brûle avec une flamme légère, en émettant une forte vapeur ammoniacale ; trituré avec de la chaux vive en poudre, il répand une odeur ammoniacale très-prononcée. Il ne doit pas contenir plus de 2 à 3 pour 100 de sable, ni plus de 12 à 13 pour 100 d'eau.

On l'emploie à raison de 300 à 500 kilog. par hectare, soit en mélange avec le fumier porté sur les terres, soit seul sur la récolte en végétation. Il vient au secours du fumier qui fait défaut, mais ne peut en tenir lieu d'une manière constante; son emploi répété longtemps sur le même sol finit par le frapper d'une sorte de stérilité.

3. Noir animal.

Le noir animal, ou noir des raffineries, est composé de sang et de charbon d'os réduit en poudre. Il produit d'excellents effets sur les terrains siliceux dépourvus de calcaire; on le répand à la volée sur les plantes en végétation, dans la proportion de 600 à 800 kilog. par hectare. Les phosphates fossiles remplissent le même rôle que le noir animal sur la végétation ; ils conviennent surtout aux terrains privés de calcaire, on les emploie à la même dose.

4. Parc.

Ce nom désigne l'enceinte mobile où l'on renferme un troupeau (généralement, de bêtes à laine) pour qu'il y dépose ses excréments pendant le temps de son séjour.

Le parc économise la litière, épargne les frais de transport d'engrais, donne de la consistance aux terres légères par le piétinement des animaux ; il les fait profiter de la chaleur et des vapeurs qui s'échappent du corps du bétail, et les débarrasse momentanément des mauvaises herbes.

L'effet du parc dépend de l'état du sol auquel on l'applique, de la quantité de bêtes qu'il renferme et du séjour plus ou moins prolongé qu'elles y font.

En général, on règle l'étendue du parc à raison de 1 mètre carré par bête à laine de moyenne taille. Il équivaut à une bonne fumure quand les animaux ont séjourné toute une nuit au même endroit ; il ne représente qu'une demi-fumure quand on a changé les bêtes une fois de place pendant la nuit. Les bêtes à laine ne doivent parquer que pendant la belle saison ; le parc, par des pluies prolongées, nuit à la santé des animaux et pétrit les sols d'une certaine consistance.

Généralement, les bêtes sont mises au parc à la nuit tombante ; le lendemain matin, on ne les en fait sortir qu'après que la rosée est dissipée ; il est bon, au préalable, de les mettre en mouvement, afin qu'elles se vident.

Excepté sur les terres sablonneuses, où l'on peut s'en dispenser, il y a avantage à labourer le sol avant d'y mettre le parc; dans tous les cas, il faut enfouir le plus tôt possible l'engrais par une culture légère ; le parc s'applique quelquefois aux semailles, il est d'un grand effet sur les prairies naturelles et artificielles, après la dernière coupe ; rarement il dure au delà d'un an.

5. Purin.

Les urines des bestiaux constituent le purin. La meilleure manière de les utiliser est de les faire absorber par la litière; mais quand il s'en produit une trop grande quantité pour qu'elles puissent passer tout entières dans le fumier, il y a utilité à les recueillir dans un réservoir pour leur faire subir une fermentation, et les employer ensuite spécialement comme purin.

Cet engrais agit très-rapidement; il convient surtout aux terres légères et à toutes les récoltes qu'il faut pousser vigoureusement : on augmente beaucoup sa qualité en y faisant dissoudre une certaine dose de sulfate de fer ou de soude.

Il produit d'excellents effets sur les récoltes racines, pommes de terre, betteraves, etc. et sur les prairies. Son action se fait sentir aussitôt et ne dure qu'un an ; quand on l'emploie à l'état frais, il faut l'étendre de quatre fois son volume d'eau, sous peine de brûler les plantes.

Engrais composés.

On appelle engrais composés le mélange de certaines matières végétales, telles que la paille, les feuilles, la bruyère, les roseaux, la fougère, etc., avec les excréments des animaux ; ils forment les *fumiers d'étable* proprement dits. Ce sont les engrais les plus précieux pour le cultivateur, car, quelles que soient les ressources que présentent des matières purement animales ou végétales, le fumier d'étable, par la quantité qui s'en produit et par sa composition mixte, qui réunit tout ce qui est nécessaire au développement des végétaux, est l'engrais de ferme par excellence. C'est sur lui seul qu'il faut compter, en général, pour maintenir la terre en état de production et accroître sa fertilité, comme aussi c'est presque toujours l'exploitation qui le fournit quand on n'est pas à proximité de grands centres.

La qualité du fumier dépend de la nourriture donnée au bétail et de la manière dont on l'a préparé.

Les animaux abondamment nourris avec de bons fourrages fournissent plus de fumier que le bétail médiocrement nourri. Les animaux bien portants et les bêtes à l'engrais donnent un fumier de meilleure qualité que celui des bêtes maigres et souffrantes. Le fumier le plus mauvais et le plus cher est celui des bestiaux mal nourris.

On distingue plusieurs sortes de fumiers ; suivant

qu'ils proviennent de tel ou tel bétail, ils ont des propriétés différentes. Le fumier de cheval est autre que celui des bêtes à cornes, comme celles-ci donnent un fumier différent du fumier des bêtes à laine et des porcs.

1. Fumier de cheval.

C'est le plus actif des fumiers d'étable; cette propriété est d'autant plus développée, que l'animal est nourri plus exclusivement de foin et d'avoine. Mis en contact avec l'air quand il contient une certaine humidité, il entre promptement en fermentation, et si on ne l'arrose, il se réduit promptement en poussière; pour pouvoir être conservé pendant un certain temps, il demande à être mouillé et fortement tassé ; sans cela, le blanc ou la moisissure le prend. Rarement en l'emploie seul, presque toujours il y a avantage à le mélanger sur l'aire avec le fumier des bêtes à cornes.

2. Fumier des bêtes à cornes.

C'est le plus aqueux de tous les fumiers, aussi entre-t-il moins vite en fermentation que le fumier de cheval, et ses effets durent-ils plus longtemps. Il se mêle facilement à tous les autres fumiers et à toute espèce de litière; il convient surtout aux terres légères et de consistance moyenne ainsi qu'au plus grand nombre des récoltes. A nourriture égale, les vaches laitières fournissent un fumier de moindre qualité que celui des bœufs de travail.

3. Fumier des bêtes à laine.

Moins chaud que le fumier de cheval, mais plus actif que celui des bêtes à cornes, le fumier des bêtes à laine tient le milieu entre ces deux fumiers. Peu humide de sa nature et toujours fortement tassé par le pied des animaux, il entre difficilement en fermentation ; par sa forme et sa consistance, il se mélange imparfaitement avec la litière, et ce n'est qu'à la longue qu'il se prend en masse et que la paille s'y décompose. Il convient à tous les terrains et surtout aux terrains argileux. Il dure peu au delà d'une année, tandis que celui des bêtes à cornes fait sentir ses effets bien plus longtemps.

4. Fumier de porc.

Quand les porcs sont bien nourris et qu'on a soin de recueillir leurs excréments sur une litière abondante, leur fumier, malgré la mauvaise opinion qu'on en a généralement, est de bonne qualité, seulement il faut le laisser fermenter pendant un certain temps avant de l'employer, parce qu'il contient beaucoup de graines non digérées. Son action est plus durable que celle du fumier de cheval et des bêtes à laine, mais elle dure moins longtemps que celle du fumier des bêtes à cornes.

Préparation et emploi du fumier.

Les fumiers d'étable, bien que possédant chacun des propriétés spéciales, dont on peut tirer parti pour certains sols et certaines récoltes, sont rarement employés seuls, à l'exception du fumier des bêtes à laine, quand les bergeries ne sont vidées qu'à de longs intervalles ; dans la plupart des cas, il y a avantage à mélanger tous les fumiers, on obtient par ce moyen un fumier moyen, participant des qualités de chacun des fumiers d'origine diverse, et dont l'application est ordinairement la plus profitable.

La préparation du fumier est un point essentiel pour sa qualité, la litière y joue un rôle important. La paille, par sa conformation, sa facilité à s'imbiber de la partie liquide des excréments et la rapidité avec laquelle elle se décompose, constitue la litière par excellence, c'est celle que, dans la plupart des cas, on se procure en plus grande abondance et au meilleur marché ; les feuilles, les roseaux, la bruyère et la fougère ne sont que des moyens supplémentaires, quand elle vient à manquer.

La litière doit être proportionnée à l'abondance et à la qualité des fourrages. Plus l'alimentation du bétail est aqueuse, plus il faut lui donner de litière, mais sans jamais tomber dans l'excès : il faut qu'il y en ait assez pour recevoir toutes les déjections solides du bétail, et recueillir le plus possible de ses excréments liquides, de sorte que ce qu'elle n'a pu retenir, se rende, par un conduit, au tas de fumier ou dans la fosse à purin.

Il faut d'autant plus de litière, que le fumier reste plus longtemps sous les animaux. Son séjour prolongé dans l'étable lui donne plus de qualité en le préservant de l'évaporation, mais si l'air n'est pas fréquemment renouvelé, la santé des animaux est bien plus exposée que lorsque les étables sont vidées souvent; c'est la principale raison pour laquelle on ne laisse jamais longtemps le fumier sous le bétail; avant de le conduire aux champs, on le porte ordinairement dans la cour de la ferme, sur un emplacement spécial nommé aire.

Les plus petits détails dans la manipulation du fumier ont leur importance. On ne devrait jamais retirer le fumier de dessous les animaux avant de l'avoir arrosé avec de l'eau chargée de sulfate de fer dans la proportion d'un demi-kilogramme par hectolitre d'eau; au moyen de cette aspersion, on empêche instantanément les vapeurs ammoniacales de s'échapper, et le fumier conserve toutes ses qualités.

Pour extraire le fumier des étables, on se sert généralement de crochets qui le traînent sur le sol jusqu'au lieu où il doit être déposé en tas. On perd ainsi une partie de l'engrais le long du trajet qu'on a à parcourir; une civière à bras ou tout au moins une brouette ferait bien mieux l'affaire, sans occasionner plus de peine ni de main-d'œuvre.

L'emplacement et la disposition du tas de fumier

réclament une grande attention. Autant que possible, le tas de fumier doit se trouver près des étables, afin d'économiser les frais de transport ; il faut, en outre, qu'il réunisse les conditions suivantes : 1° Le jus du fumier ou purin ne doit jamais se répandre au dehors, mais se rendre dans un réservoir attenant au tas de fumier pour qu'on puisse l'arroser de temps en temps ; 2° les eaux des toits, des fossés, des ruisseaux, doivent être écartées du fumier ; 3° l'emplacement du tas de fumier doit être d'un accès facile aux voitures et assez grand pour qu'on ne soit pas obligé d'élever le tas à une trop grande hauteur.

La meilleure manière de disposer le tas de fumier est de le placer sur un terrain battu, légèrement bombé vers le milieu et présentant une petite pente sur les côtés ; on l'entoure d'une rigole destinée à conduire le liquide qui s'échappe du fumier dans la fosse ou réservoir pratiqué sur l'un des côtés, à la partie la plus déclive. Cette fosse est couverte de madriers assez rapprochés pour ne laisser passer que les matières liquides ; le jus du fumier s'y rassemble, on l'en tire à l'aide d'une pompe pour arroser le tas de fumier chaque fois que sa surface se dessèche, ou pour en remplir un tonneau lorsqu'on veut l'employer comme engrais liquide.

La litière imprégnée des excréments du bétail ne doit pas être jetée pêle-mêle sur le tas de fumier, comme cela se fait trop souvent ; il faut, au contraire, l'étendre aussi également que possible et la bien tasser, afin que la fermentation s'opère simultanément dans toutes ses parties ; un dépôt inégal laisse des vides, la moisissure s'y introduit et se développe en filaments blancs au détriment du fumier, et lui enlève ses qualités les plus précieuses. Les fumiers les mieux faits n'en sont pas toujours à

Pompe à purin.

l'abri quand il s'y produit une forte chaleur, mais on tempère leur fermentation trop active au moyen d'arrosages répétés. Toute vapeur qui s'échappe du fumier est une véritable perte, l'addition de litières fraîches, des arrosages de purin, en maintenant la masse du fumier dans une certaine humidité, sont le meilleur moyen de lui conserver ses principes fertilisants : on les y fixe d'une manière encore plus sûre en saupoudrant chaque couche de fumier de plâtre en poudre ou en l'arrosant avec de l'eau sulfatée. Répartir également toutes les couches du fumier, les fermer le plus possible à l'action de l'air, et pour cela, les tasser fortement et les maintenir constamment mouillées, telle est, en résumé, la meilleure manière de préparer le fumier ; c'est absolument l'inverse de ce qu'on fait trop souvent. En brassant et rebrassant le tas de fumier avant de l'appliquer au sol, on accélère, il est vrai, sa décomposition, mais il a perdu par l'évaporation une partie de sa richesse ; la perte est d'autant plus grande, qu'on l'a exposé davantage au contact de l'air.

La hauteur du fumier, sans être rigoureusement déterminée, ne doit pas excéder 2 mètres, afin qu'on puisse modérer facilement sa fermentation. Le tas doit perdre de sa profondeur à mesure qu'on se rapproche de l'extrémité par laquelle on l'aborde. Quand on l'a élevé à sa hauteur définitive, s'il doit rester pendant un certain temps dans la cour de ferme, on le couvre d'une couche de terre pour prévenir l'évaporation de ses principes volatils, et on le garnit, en outre, de branches d'épine pour empêcher la volaille de venir gratter sa surface.

Il n'y a jamais avantage à garder longtemps le fumier en tas, car quelque soin qu'on prenne, toujours il perd quelque chose par l'évaporation ; les fumiers frais, s'ils pouvaient constamment être employés à cet état seraient préférables, mais on n'a pas toujours à sa disposition des champs tout préparés, libres de récoltes, pour les leur appliquer en tout temps; il n'est pas mauvais, d'ailleurs, que le fumier subisse sur place une certaine décomposition avant d'être conduit aux champs où il se transforme en engrais : on fait donc, à cet égard, ce que les circonstances commandent ; seulement, il faut éviter de laisser le fumier en tas pendant un temps indéfini, parce qu'il s'y consume en pure perte, et qu'il y a profit à l'appliquer le plus directement possible, toutes les fois qu'on a des pièces prêtes à le recevoir.

Mais il ne suffit pas, pour en faire un bon emploi, de conduire promptement le fumier aux champs; au lieu de l'y laisser en tas pendant des semaines entières, comme cela a lieu la plupart du temps, il faut l'étendre et l'enfouir le plus tôt possible; répandu à la surface, il peut y rester sans inconvénient pendant un certain temps, s'il n'est pas déjà très-décomposé et si le terrain n'est pas trop en pente, il n'éprouve point de déperdition sensible parce qu'il ne subit plus de fermentation dans cet état de division. C'est, du reste, de cette manière qu'on l'applique *en couverture* aux terrains déjà chargés de végétation; ses parties solubles pénètrent dans la couche arable par l'intermédiaire de la pluie.

Le fumier, soit frais, soit plus ou moins consommé, doit toujours être enterré par un labour superficiel.

La quantité de fumier à donner au sol dépend de la nature du terrain, de son état de fertilité et des récoltes auxquelles on l'applique. Les terrains argileux supportent une plus forte fumure que les terres légères; une forte dose de fumier donnée à la fois leur convient très-bien, et l'on y revient moins souvent. C'est le contraire pour les sols légers; il vaut mieux leur donner de moyennes fumures et les répéter plus souvent.

Engrais minéraux.

Les cendres et le plâtre sont les deux engrais minéraux dont l'agriculture fait le plus souvent usage.

Les cendres lessivées et les cendres de tourbe constituent de bons engrais. Les premières, bien que privées de leurs principes fertilisants les plus actifs, par l'usage économique auquel elles ont servi, profitent singulièrement à la végétation, mais elles ne produisent tout leur effet que sur les terrains qui n'ont pas perdu le souvenir du fumier d'étable. En général, c'est aux prairies qu'on les applique, on les répand dans la proportion de 40 à 50 hectolitres par hectare. Elles ont pour résultat de favoriser particulièrement la végétation des diverses espèces de trèfle, du lotier et autres plantes fourragères de bonne qualité, mais à la condition que la prairie soit bien assainie ; là où elle souffre d'une humidité permanente, les cendres produisent peu d'effet.

Les cendres de tourbe, inférieures aux cendres lessivées par l'absence de la potasse, sont avantageuses toutes les fois qu'elles proviennent de tourbe de bonne qualité dont la combustion s'est opérée lentement. La bonne tourbe se reconnaît à sa blancheur et à sa légèreté et ne pèse que 50 kilogr. l'hectolitre. On l'applique aux prairies dans la proportion de 80 à 90 hectolitres par hectare : l'usage le plus habituel est de répandre les cendres au premier printemps.

Le plâtre, cru ou calciné, mais toujours réduit en poudre, s'emploie le plus ordinairement sur les prairies artificielles ; il en double souvent la récolte. La qualité du plâtre dépend de sa pureté. En général, ses effets sont peu sensibles dans les terrains bas et humides ; en revanche, il agit énergiquement sur les terrains secs et chauds, et d'autant mieux, que le sol se trouve en meilleur état de fertilité.

Le plâtre ne peut remplacer d'une manière absolue le fumier d'étable ; ses effets, d'ailleurs, sont limités à un petit nombre de plantes telles que le sainfoin, la lupuline, la luzerne, les vesces, le trèfle, le colza, les choux, et la navette.

On le sème à la volée depuis 200 jusqu'à 300 kil. par hectare, soit en une seule fois, au printemps, sur les plantes en végétation, cas le plus ordinaire, soit en deux fois, la moitié en hiver sur le sol ensemencé, l'autre moitié au printemps, sur les plantes bien levées. On choisit un temps calme et disposé à la pluie pour le répandre.

Indépendamment des fumiers proprement dits, on peut encore tirer parti, comme engrais, d'une foule de débris provenant du sarclage, des curages de fossés, des boues de ville, des balayures de rues ou de cour, des triperies, des gazons, des bruyères, etc.; il suffit de les stratifier, en alternant autant que possible les substances terreuses avec les matières organiques, et de les arroser, de temps en temps, avec de l'eau ou du purin. La marne ou la chaux peuvent très-bien entrer dans la formation de ces *composts;* mais quand on y mêle de la chaux, il faut ne la mettre en contact qu'avec des matières d'une décomposition difficile; appliquée directement à des matières d'une prompte décomposition, elle y exciterait une fermentation violente et entraînerait une perte d'engrais.

On peut donner au compost la même hauteur et la même disposition qu'aux tas de fumier. Dès que toutes les matières sont suffisamment désagrégées, ce qui s'effectue, tantôt au bout de trois ou six mois, tantôt après un temps encore plus long, on retourne le compost en le brassant en tous sens, afin de bien mélanger toutes ses parties, qui, dès lors, ne sont plus sujettes à fermenter; on l'applique aux récoltes et principalement aux prairies en l'épandant avec soin à la surface du sol, et sans l'enterrer.

Les composts, quand on veut les bien faire, exigent une certaine dépense de main-d'œuvre, mais ils sont largement payés par l'engrais qu'ils procurent en utilisant bien des déchets qui, sans cela, seraient perdus pour l'agriculture. Il n'est si petite exploitation qui ne puisse y trouver des ressources; et, comme dans la petite ainsi que dans la grande culture il est rare qu'on ne soit pas à court de fumier, tout ce qui peut en accroître la quantité, mérite attention ; les composts, sous ce rapport, ne sont pas à négliger.

CULTURE DU SOL

Instruments aratoires.

Cultiver le sol, c'est le faire passer par une série d'opérations mécaniques qui ont pour but de le diviser, de l'aérer, de l'ameublir, de détruire les mauvaises herbes, d'enfouir les engrais, d'enterrer la semence et de la protéger contre l'action du vent, du froid ou de la sécheresse.

Les principaux instruments employés à la culture du sol sont : la charrue, la herse, le rouleau, le scarificateur, l'extirpateur, la houe à cheval, le buttoir et le semoir.

1. De la charrue.

La charrue est un instrument qui a pour objet de séparer une bande de terre, de la détacher et de la renverser, de telle sorte, que la partie inférieure de la tranche coupée soit amenée à la surface, et la partie supérieure renversée au-dessous. Elle se compose de sept pièces principales : le coutre, le soc, le versoir, le sep, l'âge, les étançons et les mancherons.

Le *coutre*, espèce de couteau destiné à couper perpendiculairement la bande de terre qui doit être renversée, est placé en avant du soc pour lui frayer passage et le maintenir dans sa position. Il contribue à bien engager la charrue dans le sol et à lui assurer une marche régulière ; son action est plus énergique quand il est placé de biais plutôt que perpendiculairement, voilà pourquoi les coutres brisés sont préférables aux coutres droits ; leur lame inclinée soulève et pousse les obstacles qu'elle rencontre dans sa marche et donne à la charrue une légère tendance à entrer en terre. Le coutre n'est pas nécessaire dans les labours superficiels ; on peut aussi s'en passer dans les terres sablonneuses.

Le *soc* détache horizontalement la bande de terre ; sa longueur doit être proportionnée à sa largeur.

Le *versoir*, partie caractéristique de la charrue, soulève et renverse, après l'avoir fait tourner sur elle-même, la bande de terre coupée par le coutre et le soc. C'est sur le versoir que porte la plus grande résistance, parce que le poids de la terre détachée par le coutre et le soc pèse sur lui, jusqu'à ce qu'elle l'ait dépassé. La construction du versoir exerce une grande influence sur la charrue. Plus tôt le versoir se débarrasse de la terre dont il est chargé, plus tôt la charrue se trouve allégée ; on obtient plus complétement ce résultat avec des versoirs contournés qu'avec des versoirs à surface plane.

Le *sep*, base de la charrue, glisse au fond du sillon en s'appuyant contre la terre non labourée.

L'*âge*, ou *flèche*, est la pièce de bois qui reçoit et

transmet à la charrue le mouvement de progression que lui impriment les bêtes de trait.

On appelle *étançons* les supports qui unissent le sep à l'âge.

Les *mancherons* sont les pièces à l'aide desquelles le laboureur engage sa charrue dans le sol et l'empêche de dévier de sa ligne régulière.

Ces différentes pièces constituent le *corps de la charrue* ou ses parties actives; en dehors du corps de charrue, il se trouve, quelquefois, une autre pièce appelée *avant-train*, ordinairement représentée par deux roues qui se meuvent autour d'un essieu sur lequel repose l'extrémité de l'âge et où sont attachées les bêtes de trait.

Avant-train.

L'avant-train présente plusieurs avantages: il empêche l'âge de vaciller, il rend moins sensible le pas inégal des animaux; il assujettit la charrue de manière qu'elle reste d'elle-même en ligne sans le secours du laboureur, et il permet de donner plus ou moins d'entrure à la charrue, soit en raccourcissant ou en allongeant l'âge, soit en élevant ou en abaissant la sellette. D'un autre côté, il a le grave inconvénient d'augmenter la résistance et, par suite, d'exiger plus de tirage de la part des animaux; aussi beaucoup de charrues sont-elles construites sans avant-train : ces dernières portent le nom

Araire.

d'*araires*, l'excellente charrue Dombasle en donne un exemple.

Les charrues à avant-train ne se règlent pas de même que les araires.

Pour donner aux charrues à avant-train plus de disposition à entrer en terre, on abaisse l'âge sur son point d'appui, ce qui se pratique à l'aide des trous dont il est percé vers sa partie moyenne ; on produit l'effet contraire en élevant l'âge. A l'aide d'un régulateur, on augmente ou l'on diminue la largeur de la bande de terre. Pour cela, on change le point où les traits sont fixés à l'avant-train ; au moyen des dents du régulateur, le point central des traits et de l'avant-train est transporté, à volonté, plus à droite ou plus à gauche; dans le premier cas, le soc prend une bande de terre plus étroite ; dans le second cas, le soc se trouve tourné plus à gauche, et tend à prendre une bande plus large.

Avec l'araire, on donne plus d'entrure à la charrue en élevant le point où les traits sont attachés ; pour diminuer la profondeur du labour, on n'a qu'à baisser le point où les traits sont attachés. Ce régulateur fournit encore à la charrue le moyen de prendre des tranches plus ou moins larges, suivant qu'on attache la volée plus à droite ou plus à gauche.

Toute charrue, araire ou avant-train, doit réunir les conditions suivantes pour être bonne :

1° Il faut qu'elle soit simple, c'est-à-dire qu'elle ne soit composée que des pièces nécessaires ;

2° Qu'elle donne le moins de tirage possible ;

3° Que le soc soit plat et tranchant ;

4° Que le versoir renverse la bande de terre de manière à former avec la surface du sol un angle de 40 à 50 degrés, et que le fond de la raie soit bien évidé ;

5° Que la charrue puisse être réglée de manière à faire des sillons plus ou moins larges et plus ou moins profonds.

La charrue la plus parfaite est celle qui atteint le mieux le but du labour en exigeant le moins de dépense de forces de la part de l'homme qui la conduit et des animaux qui la tirent : la charrue Dombasle en France, en Angleterre la charrue Howard,

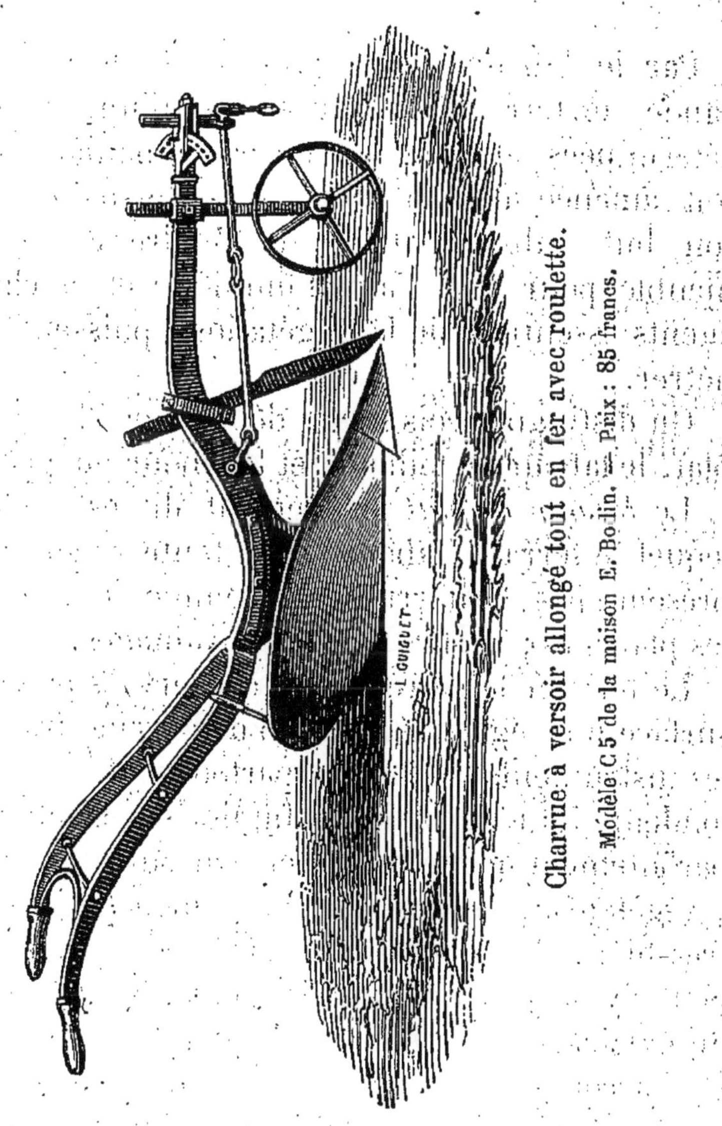

Charrue à versoir allongé tout en fer avec roulette.
Modèle C 5 de la maison E. Bodin. — Prix : 85 francs.

la charrue du Brabant en Flandre, sont les meilleures charrues qu'on possède jusqu'à ce jour.

DU LABOUR

Par le labour, on se propose de détacher une bande de terre d'une largeur et d'une épaisseur déterminées, et de la renverser de manière qu'elle soit amenée à la surface, sens dessus dessous : son but subséquent est de rendre le sol assez meuble pour que l'air, l'humidité et la chaleur, agents essentiels de la végétation, puissent le pénétrer.

On distingue trois sortes de labour : le labour à plat, le labour en billons, et le labour en planches.

Le *labour à plat* proprement dit est celui par lequel le terrain, labouré dans toute sa surface, ne présente pas d'interruptions comme les billons et les planches ; il offre certains avantages.

Le terrain labouré à plat conserve sur toute sa surface une égale répartition de couche arable que les instruments travaillent partout à la même profondeur. La répartition du fumier s'y effectue aussi parfaitement que possible, et, par suite, les plantes y végètent uniformément. La semence s'y répartit très-bien. La destruction des mauvaises herbes peut s'y faire à l'aide de la herse. Les opérations du fauchage, du fanage et de la rentrée des récoltes s'y accomplissent avec moins de difficulté que lorsque le terrain a été labouré en billons.

Mais le labour à plat occasionne une perte de temps considérable par suite des allées et venues, d'une extrémité à l'autre du champ, quand on ne se sert que de la charrue à un seul versoir, aussi préfère-t-on généralement diviser en *planches* le terrain soumis à l'action de la charrue.

Toutes les fois que les planches ne comportent pas plus de huit sillons, elles prennent le nom spécial de *billons* ; au-dessus de ce nombre, elles conservent le nom de *planches*.

Par le labour en planches et en billons, on adosse les bandes de terre, la moitié dans un sens et l'autre moitié dans un sens opposé. Les billons et les planches peuvent être plus ou moins bombés. L'usage des billons de quatre, six et huit traits de charrue, si fréquents dans le centre et dans l'ouest de la France, ne se justifie qu'autant que la couche arable a très-peu d'épaisseur et repose sur un sous-sol de mauvaise nature, ou est sujette à être noyée. Il est certain qu'en ouvrant des raies très-rapprochées pour jeter entre elles la terre qu'on en tire, on accumule la terre végétale sur une partie de la surface du champ; on obtient ainsi des produits qu'on n'aurait pas sans cette forme de labour ; mais cet avantage, ainsi que la facilité que présentent les billons étroits pour les menues cultures, est contre-balancé par de nombreux inconvénients, surtout quand les billons sont élevés. Il faut, chaque année, défaire et refaire les billons ; les labours et les hersages ne peuvent être donnés que dans le même sens, on ne peut les croiser. Les plantes, dans un sol en billons, souffrent davantage des variations de la température ; elles ne jouissent pas également de l'influence du soleil sur les côtés du billon ; la végétation prospère au sommet des billons pourvu d'une couche de terre suffisante, et languit sur les épaules des billons qui en sont dégarnies ; les plantes sont exposées à y souffrir de l'humidité, et, dans tous les cas, restent chétives. Ce n'est pas tout. L'engrais est réparti inégalement sur les billons ; la semence s'y distribue mal et ne peut être enterrée uniformément ; le sarclage et le buttage ne peuvent s'y effectuer qu'à la main, le travail de la faux y éprouve d'autant plus de difficultés, que les billons sont plus relevés ; par des temps pluvieux, les récoltes sont plus sujettes à être avariées ; enfin, la multiplicité des rigoles qui séparent chaque billon occasionne une perte de terrain considérable, sans profit pour l'assainissement du sol. En effet, bien que le grand nombre de rigoles, inévitable dans la culture en billons, paraisse, tout d'abord, le meilleur moyen de débarrasser le sol de son humidité surabondante, il ne constitue, en réalité, qu'un remède insuffisant lorsqu'on a à lutter contre des eaux abondantes ou permanentes. Ces rigoles suivent nécessairement la direction des billons; or, pour peu que le terrain présente diverses inclinaisons, les rigoles, invariablement dirigées dans le sens des billons dont elles sont une partie intégrante, ne suivent pas les différents contours du champ, elles restent parallèles aux billons, et contribuent bien moins efficacement à l'écoulement des eaux surabondantes, que les rigoles spéciales tirées à travers un terrain labouré à plat ou divisé en planches peu ou point bombées et suivant toutes les sinuosités du sol, pour procurer son assainissement.

Par suite des graves inconvénients qu'ils présentent, les billons ne doivent pas être considérés comme un principe de culture, c'est un mode exceptionnel de labour auquel il convient de recourir lorsque la couche arable a très-peu d'épaisseur, et repose sur un mauvais sous-sol; dans la plupart des cas, il vaut mieux adopter le labour en planches.

Cette forme de labour laisse le terrain presque à plat, lorsqu'on a soin d'*adosser* et de *refendre* alternativement et à une égale profondeur, en d'autres termes, lorsqu'on change les sillons de place, le centre de chaque planche devenant l'emplacement de la rigole au labour suivant. Pour cela, on commence par renverser dans la rigole les bandes qui la bordaient de chaque côté, on jette successivement, les unes sur les autres, les bandes de terre formant les deux moitiés de deux planches voisines pour en composer une nouvelle planche; parvenu au milieu de chacune d'elles, on établit la rigole là même où se trouvait l'ancien ados.

Ce mode de labour convient à tous les sols et à toutes les récoltes. On peut, par cette disposition, donner aux rigoles d'écoulement la direction la plus propre à évacuer les eaux, et les multiplier partout où le besoin s'en fait sentir. Toutefois, si l'on avait affaire à un sol très-argileux, un léger bombement donné aux planches, loin d'être nuisible, serait utile, en ce que, sans apporter aucun obstacle à l'établissement des rigoles, et sans contrarier en rien les diverses opérations de la culture, il donnerait au sol la facilité de se ressuyer plus vite, circonstance fort importante.

La largeur de la bande qu'on doit prendre en labourant dépend de la nature du sol et du résultat qu'on veut atteindre.

Plus le sol est argileux, plus les bandes doivent être étroites ; de cette manière, elles se divisent et s'ameublissent mieux ; il faut, cependant, qu'elles aient une certaine épaisseur. Si les bandes de terre argileuse étaient minces et larges, elles se renverseraient à plat, l'atmosphère et les instruments auraient ainsi moins d'action sur elles.

Également, les bandes doivent être d'autant plus étroites que le labour est plus profond ; des bandes larges et épaisses se renversent mal et fatiguent considérablement les attelages.

Si le terrain est sablonneux, peu importe que la bande de terre soit large ou étroite ; il en est de même lorsqu'on laboure superficiellement.

Par labour superficiel, on entend, dans la pratique, celui qui ne descend pas à plus de 10 ou 12 centimètres; le labour moyen est celui par lequel la charrue pénètre de 12 à 20 centimètres dans le sol ; sous le nom de labour profond, on comprend tout labour qui a de 20 à 32 centimètres de profondeur : au delà, c'est un labour de défoncement.

La profondeur du labour se mesure dans la raie ouverte par la charrue, au bord de la terre que la charrue n'a pas attaquée.

La profondeur du labour est déterminée par diverses considérations. Rigoureusement parlant, pour que le labour réponde aux exigences des plantes, il suffit que le terrain soit remué jusqu'à la profondeur qu'atteignent leurs racines. Certaines plantes agricoles n'étendent leurs racines qu'à la superficie du sol et dans une direction horizontale ; d'autres sont munies de racines pivotantes et s'enfoncent verticalement à une grande profondeur. Les premières, telles que les céréales, peuvent se contenter de labours moyens et même superficiels ; les secondes, comme les carottes, certaines variétés de betteraves, et surtout la luzerne et le sainfoin, ne prospèrent que lorsqu'elles peuvent s'enfoncer dans un sol profondément ameubli : les labours profonds leur sont, sinon tout à fait indispensables, du moins fort utiles. On ne peut donc assigner aux labours une profondeur uniforme par rapport aux plantes ; cette profondeur varie nécessairement suivant les diverses espèces de végétaux qu'on veut cultiver.

La constitution du sol est encore un élément important d'appréciation pour régler la profondeur du labour. A part la circonstance particulière où la couche arable, trop superficielle, reposant sur un sous-sol ingrat, ne doit pas être remuée au delà de son épaisseur, sous peine d'être détériorée, il y a toujours avantage, dans les labours, à substituer des cultures profondes aux labours superficiels : cette vérité, malheureusement, est peu comprise.

On sait que les terrains dont la couche arable est

épaisse l'emportent, toutes choses d'ailleurs égales, sur ceux dont la couche arable est superficielle ; des terrains remués profondément par la charrue jouissent des mêmes avantages. Ils souffrent moins de l'humidité et de la sécheresse que ceux labourés superficiellement. Ils absorbent une quantité d'eau proportionnelle à la profondeur où la charrue a pénétré ; leur surface souffre, ainsi, beaucoup moins de l'humidité dans les temps pluvieux, et, quand la sécheresse se fait sentir, l'eau, contenue dans le sol comme dans un réservoir, à l'abri du soleil et du vent, remonte par degrés et fournit à la végétation la fraîcheur dont elle a besoin ; enfin, dans les terrains labourés profondément, les plantes étendent plus librement leurs racines, résistent mieux aux variations de la température, se développent mieux et sont moins sujettes à verser. Les labours profonds sont donc très-utiles, soit qu'on se propose d'augmenter l'épaisseur de la couche arable, lorsqu'elle n'a pas assez de profondeur, soit qu'on veuille la maintenir lorsqu'elle a suffisamment d'épaisseur. Règle générale : la couche arable doit être remuée de temps en temps dans toute son épaisseur et exposée à l'influence de l'air pour conserver ses qualités ; elle finirait par perdre ces avantages si l'on se contentait de lui appliquer constamment des labours superficiels. En effet, indépendamment de la disposition à *se reprendre*, propre à toute espèce de sol contenant de l'argile, l'action réitérée du sep lisse le fond de la raie à la même profondeur et le corroie de manière à le rendre compacte et à fermer aux couches inférieures toute communication avec l'atmosphère; il se forme ainsi, peu à peu, un sous-sol artificiel qui finit par prendre tous les caractères d'un véritable sous-sol et restreint d'autant plus la couche arable, qu'il est plus rapproché de la surface.

Lorsque le sol a peu de fond, on peut employer deux procédés pour augmenter sa couche arable : le premier, généralement le plus usité, consiste à ramener, peu à peu, à la surface une partie du sous-sol, en n'attaquant, chaque fois, qu'une couche de terre très-mince; le second consiste, au contraire, à descendre tout d'un coup à une grande profondeur dans le sol, à le *défoncer*.

L'approfondissement du sol, tout avantageux qu'il soit, exige beaucoup de prudence; il ne doit être entrepris que si l'on dispose d'une grande quantité de fumier; l'application de ce principe est d'autant plus rigoureuse, que les qualités du sous-sol répondent moins à celles de la couche arable. Si le sous-sol est d'excellente nature, il suffira parfois de l'exposer, pendant quelque temps, aux influences de l'air pour lui communiquer une partie des qualités de la couche arable; mais si le sous-sol, comme il arrive dans la plupart des cas, est d'une nature inférieure, il est alors indispensable de fortifier l'action de l'atmosphère par de fortes doses d'engrais. Quelque soin, du reste, qu'on prenne, il est bien rare, lorsqu'on a augmenté la couche arable en ramenant à la surface une couche de terre empruntée au sous-sol, de ne pas éprouver, pendant quelque temps, une diminution de produits. En général, il faut que la nouvelle terre ait passé par plusieurs fumures avant d'arriver au même degré de fertilité que l'ancienne couche arable, c'est un sacrifice auquel il faut se résigner quand on entreprend une amélioration de ce genre : la plus-value qu'elle donne au terrain, et l'influence durable qu'elle exerce sur les récoltes, dédommagent amplement de cette perte temporaire.

Il n'est pas toujours nécessaire, lorsqu'on veut donner plus de profondeur à la couche arable, d'amener, tout d'abord, une partie du sous-sol à la surface; souvent même il est préférable, quand on n'est pas riche en fumier, de commencer par ameublir les couches inférieures avant de les mélanger avec la terre arable. Cette opération s'effectue en faisant suivre la charrue ordinaire par une *fouilleuse* appelée aussi *charrue sous-sol*, munie d'un soc convexe et sans versoir, qui fouille le terrain sans le

Charrue fouilleuse.

retourner : on obtient déjà, par ce moyen, une amélioration notable. En pénétrant dans ce sous-sol ameubli, l'eau descend plus avant, les engrais s'y infiltrent, les plantes enfoncent leurs racines, et, par là, se défendent mieux contre la sécheresse. Pour assimiler complétement à la couche arable les parties du sous-sol remuées par la fouilleuse, il n'y a plus qu'à l'exposer à l'air : les engrais et les labours répétés feront du tout une masse homogène.

Dans la plupart des cas, il y a profit à n'approfondir que peu à peu la couche arable, mais c'est surtout lorsque la nature du sous-sol diffère de celle de la couche arable, qu'il importe d'observer ce précepte ; plus le sous-sol est argileux, moins il faut en amener, à la fois, à la surface ; on peut être moins réservé si l'on a affaire à un terrain sablonneux ou à une terre de consistance moyenne.

Le moment le plus favorable pour labourer dépend de l'état du sol et du but qu'on se propose. Lorsque le terrain est trop sec, le labour devient très-pénible, et le sol argileux, au lieu de se diviser en tranches égales, se déchire en mottes de diverses grosseurs, ou même ne se laisse pas entamer.

Le labour, dans un terrain humide, a d'abord pour effet de fatiguer les attelages ; les bandes de terre sont très-adhérentes, se durcissent extrêmement en séchant et ne se divisent plus qu'en grosses mottes qu'il est difficile de briser ; en outre, les semences des mauvaises herbes s'y conservent jusqu'à ce que l'ameublissement ultérieur du sol leur permette de lever. Ces inconvénients se font sentir avec d'autant plus de force, que le terrain contient plus d'argile; ils sont surtout à redouter dans les sols argilo-siliceux et silico-argileux, parce que la gelée et les autres agents atmosphériques n'ont que très-peu de prise sur eux : labourés à contre-temps, ces terrains sont plus difficiles à ameublir que si l'on n'y avait pas mis la charrue, aussi ne doit-on les travailler que lorsqu'ils sont complétement ressuyés, et faut-il saisir avec diligence l'instant favorable pour y mettre la charrue.

Lorsqu'on a principalement pour but d'ameublir le sol, c'est aux labours d'hiver qu'il faut recourir si le terrain contient du calcaire, la gelée vient alors en aide au cultivateur, elle pulvérise le sol aussi bien que le meilleur des instruments et le laisse, au printemps, dans un état parfait d'ameublissement. Mais, si l'on a surtout en vue la destruction des mauvaises herbes, le moment le plus favorable pour donner le labour varie suivant le genre de mauvaises herbes qu'on a à combattre.

Les mauvaises herbes sont de deux sortes. Les unes, annuelles ou bisannuelles, se reproduisent surtout par leurs graines, telles sont la sauve ou moutarde sauvage, le coquelicot, le chrysanthème des moissons, la nielle, le bluet, la renoncule des champs, la folle avoine, la centaurée, la solstitiale, la chausse-trape, etc. Les autres sont vivaces et se propagent surtout par leurs tiges souterraines : à cette catégorie appartiennent l'agrostide traçante, le chiendent, l'avoine à chapelet, etc.

Les semences des mauvaises herbes annuelles

lèvent très-bien dans un sol ameubli à la profondeur de 5 ou 6 centimètres par la herse et le scarificateur ; on les détruit en les culbutant par le labour lorsqu'elles sont en pleine végétation, en ayant soin de ne pas attendre le moment de leur fructification.

Les mauvaises herbes vivaces ne peuvent être détruites par le même moyen ; c'est en brisant fréquemment leurs jeunes pousses et en exposant leurs racines au soleil qu'on parvient à les extirper. Cette opération exige la plus grande attention. Il faut bien se garder de labourer par un temps humide ; loin de détruire les mauvaises herbes à racines traçantes, on ne ferait que les multiplier davantage ; les labours, dans ce cas, doivent être superficiels et donnés en été, par des temps de sécheresse. On ne doit les faire suivre du hersage, que lorsque les racines des plantes sont bien desséchées : dans certains sols et par une saison humide, cette opération présente, parfois, de tels obstacles, qu'il est difficile de la mener à bien sans recourir à la *jachère*.

Sous ce nom, on comprend la série d'opérations qu'on fait subir à la terre, laissée alors improductive, pour la disposer à porter, plus tard, des récoltes. Le principe dominant dans la jachère est de ne point permettre aux mauvaises herbes de se multiplier. Le nombre des labours qu'elle doit recevoir dépend de leur exécution et varie suivant que la température favorise, plus ou moins, le nettoiement du sol et son ameublissement.

Beaucoup de cultivateurs en faisant jachère cherchent souvent à concilier deux choses inconciliables, ils voudraient purger leurs champs des mauvaises herbes et ménager, en même temps, une pâture à leurs troupeaux en ne rompant le sol que vers la fin du printemps; il suit de là, que la terre reçoit une préparation incomplète et fournit un maigre pâturage. La pâture a besoin de repos pour que le sol se couvre d'herbes; la jachère, au contraire, n'admet pas de repos et doit tenir le terrain net de toute production inutile; les demi-mesures, ici, sont loin d'être économiques, et l'on ne doit pas perdre de vue qu'il s'agit d'une opération dont l'influence se fera sentir pendant plusieurs années. Dès qu'on est résolu à recourir à la jachère, il faut commencer par déchaumer, c'est-à-dire par ouvrir le sol par un coup de scarificateur, afin de faire germer les graines des mauvaises herbes tombées à la surface. Quand elles sont suffisamment développées, avant qu'elles soient en fleurs et surtout en graines, on donne un labour qui pénètre jusqu'au fond de la couche arable, et on laisse la terre ainsi labourée jusqu'à la fin de l'hiver. Au printemps, les travaux les plus pressants étant terminés, on donne, à l'apparition des mauvaises herbes, un hersage suivi, bientôt après, d'un deuxième labour. Dans le courant de l'été, on en donne un troisième suivi, quelquefois, d'un quatrième qui précède, d'un mois à six semaines, l'époque de la semaille. Dans l'intervalle de chaque labour, on a soin de faire passer la herse ou l'extirpateur : les mauvaises herbes annuelles ne résistent pas à ces cultures répétées. Lorsqu'il s'agit de mauvaises herbes vivaces, les labours d'été doivent être plus fréquents ; leur nombre, ainsi que pour toute espèce de labours, importe moins que leur opportunité et la manière dont ils sont effectués.

La jachère est le procédé le plus dispendieux qu'on puisse employer pour préparer le sol ; outre les labours multipliés qu'elle exige, elle entraîne le sacrifice d'une récolte, et le produit immédiat qu'on en retire se trouve supporter deux années d'intérêts. Mais elle n'est pas toujours d'une nécessité absolue ; elle ne doit pas revenir à des époques périodiques, comme beaucoup le croient ; il faut la considérer comme un moyen énergique d'ameublir certains sols tenaces ou de nettoyer un champ envahi par les mauvaises herbes. Ainsi comprise et bien pratiquée, la jachère est souvent le moyen le plus économique d'obtenir le double résultat du nettoiement du sol et de son ameublissement ; elle permet de substituer par la suite, à la jachère complète, des demi-jachères qui n'occupent la terre que pendant une partie de l'année et s'effectuent avant ou après une récolte ; elle aide enfin à les supprimer entièrement, pour ne plus employer que le moyen ordinaire d'ameublir et de purger le sol à l'aide des récoltes sarclées.

Le sol ne doit être retourné complétement dans toute sa couche arable qu'une seule fois entre chaque récolte. Cet unique labour profond suffit dans la plupart des cas, lorsqu'on n'a pas à lutter contre une température tout à fait contraire ; les cultures dubséquentes se font encore au moyen de la herse, su scarificateur et de l'extirpateur, tout au plus ont-elles besoin d'être aidées d'un ou deux traits superficiels de charrue : cette règle est surtout applicable aux terres fortes. Le sol argileux, labouré avec soin en automne, s'ameublit par les gelées: on doit éviter de le labourer de nouveau au printemps à une grande profondeur, sous peine d'amoindrir les bons effets que l'hiver produit sur les sols de cette nature; la préparation complémentaire du terrain peut très-bien s'effectuer avec le scarificateur ; le sol travaillé, au printemps, par cet instrument, conserve bien mieux sa fraîcheur que lorsqu'on emploie la charrue.

La bonté du labour dépend des différents buts qu'on se propose ; il ne produit de bons résultats qu'autant que la terre est friable ; cet état du sol contribue singulièrement à la perfection du travail et décide souvent de la réussite des récoltes.

2. De la herse.

La herse est un instrument destiné à ameublir le sol, à le mélanger avec les engrais et les amendements; elle a aussi pour but de détruire les mauvaises herbes et de recouvrir la semence.

Les herses peuvent être carrées, triangulaires, à losange, etc.; quelle que soit leur forme, elles doivent réunir plusieurs conditions pour fournir un bon travail : les dents doivent être placées de manière que les raies qu'elles tracent sur le sol se trouvent à une égale distance les unes des autres ; chaque dent doit tracer sa raie particulière et ne pas se confondre avec la raie tracée par une autre dent.

Les dents de la herse sont en bois ou en fer. Les premières suffisent dans les terres légères, mais elles s'usent très-vite; les autres sont préférables dans les sols d'une certaine consistance. Elles agissent avec plus d'énergie quand elles sont inclinées en avant, que lorsqu'elles sont droites. Indépendamment de l'inclinaison des dents, leur longueur, le poids de l'instrument et l'allongement des traits des animaux contribuent encore à donner plus de profondeur au hersage.

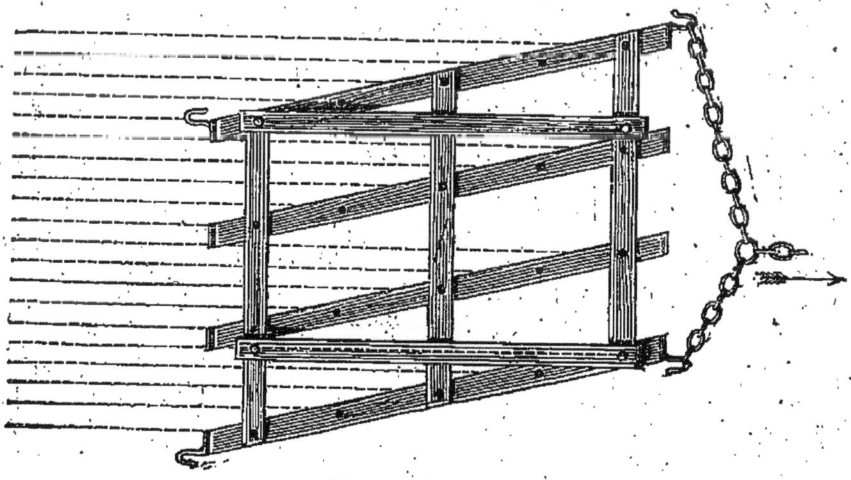

Herse Valcourt.

La herse Valcourt, excellente herse à losange, à bâtis en bois et à dents en fer, se règle en mettant le crochet au tiers de la chaîne, à partir de l'angle obtus.

Les herses légères traînées par un seul cheval peuvent être accouplées entre elles en échelonnant les animaux, de manière qu'ils se conduisent les uns les autres. Le premier animal est conduit par le charretier, le deuxième est attaché au palonnier du premier et ainsi de suite; par ce moyen, un seul conducteur peut faire fonctionner plusieurs herses à la fois.

Le hersage, pour être avantageux, doit être appliqué à propos; dans les terres légères, point de

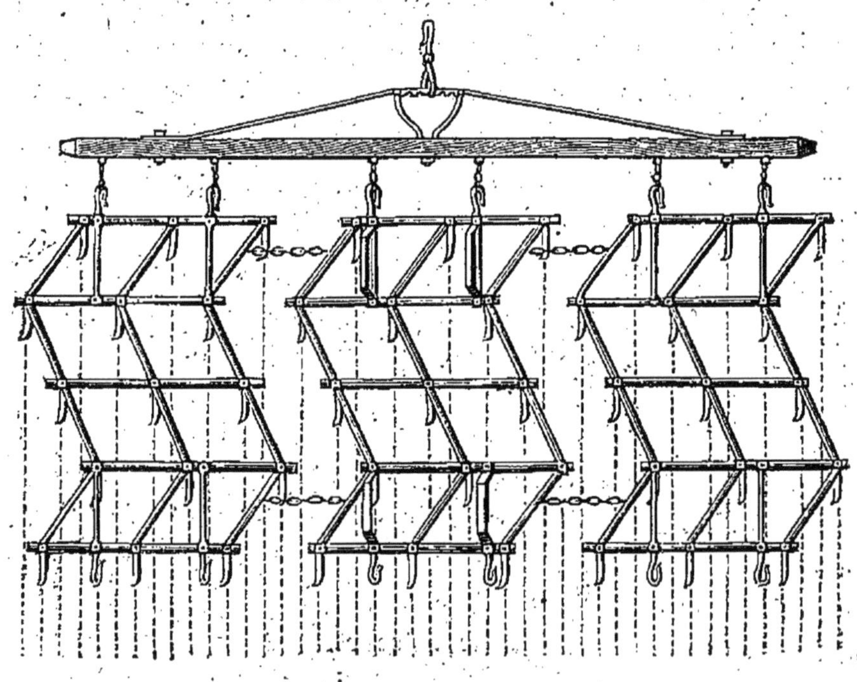

Herse articulée.

difficultés; il n'en est pas de même dans les terres fortes. Si le sol est trop humide, les dents s'engorgent promptement ; s'il est trop sec, la herse glisse sans pénétrer en terre ; il faut saisir le moment où la terre se laisse aisément entamer ; lorsqu'on la rencontre en cet état favorable, tous les autres travaux doivent céder le pas au hersage ; vingt-quatre heures de retard, sous un climat chaud, ne permettent plus, quelquefois, de mettre la herse dans le champ, et l'on se voit ainsi forcé de renvoyer l'opération à une époque incertaine. Dans le Midi, il est indispensable de herser, le soir même, les terres fortes qu'on a labourées le matin ; on profite ainsi de la friabilité du sol fraîchement travaillé ; la herse l'attaque avec succès dans cet état et le rouleau complète utilement son action.

De toutes les herses inventées jusqu'ici, les herses anglaises articulées, tout en fer, sont celles qui ameublissent le mieux le terrain ; leur travail est aussi parfait que possible.

3. Du rouleau.

Le rouleau convient à tous les sols, mais il n'agit pas de même sur chacun d'eux. Appliqué aux terres fortes, il a pour but de briser les mottes ; on obtient ce résultat par son emploi combiné avec celui de la herse ; lorsque les mottes que le rouleau n'a pas complétement écrasées se trouvent enfoncées en terre, la herse les reprend et les ramène à la surface, un second tour de rouleau achève de les diviser. Les sols argileux doivent être roulés quand la terre est bien ressuyée, c'est-à-dire quand elle n'est plus assez humide pour s'attacher à l'instrument, mais conserve assez de fraîcheur pour s'écraser sans peine. Le rouleau a aussi son utilité sur les terres légères ; en les plombant, il y retient la fraîcheur

Rouleau Croskill.

toujours trop prompte à s'en évaporer. Le rouleau peut être encore employé pour *régaler* le sol, ce qui rend la semaille plus égale et facilite le jeu de la faux ; on s'en sert encore avec avantage pour enterrer quelquefois la semence ou pour raffermir, dans le sol, les plantes soulevées par la gelée.

Les rouleaux les plus usités sont en bois et presque toujours trop longs par rapport à leur diamètre; ils ont d'autant plus d'action, que leur pression s'exerce sur une moindre surface; $1^m,50$ de longueur sur 60 centimètres de largeur est la proportion à donner aux rouleaux en bois; mais, même sous cette forme ils sont loin de valoir les rouleaux à disques mobiles, en fer et crénelés, dont le rouleau Croskill présente le modèle.

4. De la houe à cheval.

On désigne sous ce nom un instrument armé de socs et de couteaux, dans le but de détruire les mauvaises herbes et d'ameublir la surface du sol; il exécute rapidement et avec économie, à l'aide d'un cheval, le binage toujours lent et dispendieux qu'accomplit la main de l'ouvrier.

La houe à cheval, lorsqu'elle est bien construite, doit s'écarter et se rapprocher à volonté, et fonctionner de telle sorte, qu'elle ne laisse aucune partie du terrain où elle passe sans être complétement remuée: l'espace qu'elle embrasse dans son action varie de 50 à 80 centimètres. Un régulateur placé à la partie antérieure de l'instrument, sert à régler la profondeur du travail.

La houe à cheval n'exige qu'une seule bête de trait. La règle essentielle à observer quand on l'emploie, est de saisir à propos le moment où la terre, ni trop sèche, ni trop humide, se laisse facilement entamer, car autant les binages donnés à temps impriment d'activité à la végétation, autant ils peuvent nuire lorsqu'on les applique mal à propos. Ils doivent être répétés aussi souvent que le terrain tend à se durcir ou à s'enherber. La première façon, quand elle a été bien faite, facilite beaucoup les binages ultérieurs. Les binages, en maintenant la surface meuble et nette, empêchent le terrain de se reprendre et favorisent le développement des plantes ; dans bien des cas, ils tiennent lieu d'arrosage.

5. Du buttoir.

Le buttoir est représenté par un soc légèrement

Buttoir.

bombé vers le milieu et flanqué de deux versoirs qui peuvent s'écarter ou se rapprocher à volonté.

Il a surtout pour objet de porter de la terre meuble au pied des plantes, en les chaussant jusqu'à une certaine hauteur ; il complète le travail de la houe à cheval toutes les fois que les végétaux ont besoin d'être épaulés. On s'en sert encore pour nettoyer, après la semaille, les raies qui séparent chaque planche, et pour ouvrir des rigoles destinées à l'écoulement des eaux.

6. De l'extirpateur.

L'extirpateur est un instrument pourvu de plusieurs socs qui coupent, entre deux terres, les

Extirpateur.

plantes qu'ils y rencontrent et remuent le sol à une certaine profondeur, mais sans le retourner. On s'en sert pour déchaumer lorsque la terre n'est pas trop dure, pour ameublir le terrain, détruire les mauvaises herbes, et aussi, pour enterrer la semence. L'extirpateur se règle en élevant plus ou moins l'âge sur l'avant-train.

7. Du scarificateur.

Le scarificateur, appelé aussi griffon dans le midi de la France, diffère de l'extirpateur en ce que ses

Scarificateur.

pieds, au lieu de couper la terre horizontalement, la déchirent et la divisent verticalement au moyen de longs couteaux, plus ou moins inclinés en avant; en élevant ou en abaissant l'âge sur l'avant-train, on détermine la profondeur à laquelle les coutres doivent pénétrer dans le sol.

Le scarificateur convient dans tous les sols et s'emploie aux mêmes usages que l'extirpateur.

C'est l'instrument le plus énergique dont on puisse se servir pour le déchaumage, opération qui a pour

Semoir à toutes graines.

Modèle à 3 boîtes de la maison E. Bodin. — Prix : de 125 à 185 francs suivant le nombre des boîtes.

but de mettre les graines des mauvaises herbes en état de germer promptement, afin d'être ensuite détruites par le labour ; le soin avec lequel on le pratique, exerce une grande influence sur la propreté des terres et, par suite, sur l'abondance des récoltes.

8. Du semoir.

On se sert du semoir pour répartir économiquement et le plus également possible la semence dans un ordre et une proportion déterminés, ce que la main de l'homme le plus habile ne peut faire que d'une manière imparfaite.

Les principaux avantages du semoir sont : de mettre le grain en terre à une profondeur uniforme, déterminée par la volonté du semeur ; de recouvrir parfaitement tous les grains, d'apporter une économie notable dans la semence, et, en la mettant en lignes, de rendre les menues cultures plus faciles.

L'emploi du semoir suppose une culture déjà améliorée, un sol peu accidenté, et surtout une terre parfaitement préparée : il entraîne, comme conséquence, le binage du sol entre les lignes.

DES MACHINES AGRICOLES

S'il est une vérité incontestable en agriculture, c'est qu'il faut mettre le plus tôt possible en sûreté les récoltes parvenues à leur point de maturité. Trop souvent elles sont compromises par la pluie, les orages ou la grêle; la chaleur elle-même, lorsqu'elle éclate avec force, leur est nuisible; elle saisit les grains, précipite leur dernier développement, les serre et les raccornit; pour peu qu'elle dure, il en tombe une grande partie, et le reste, demeuré debout, perd de sa qualité. Mêmes inconvénients pour les fourrages. A-t-on laissé passer le moment favorable pour les couper, ils perdent chaque jour de leur valeur : aussi toutes les opérations relatives à la moisson et à la fenaison exigent-elles la plus grande célérité.

Tant que l'agriculture est restée arriérée, que la population, sans être précisément stationnaire, n'a pas dépassé un certain chiffre, les bras ordinaires ont suffi à tous les travaux. Mais aujourd'hui, le développement considérable de l'industrie, la tendance malheureuse qui pousse les habitants de la campagne vers les villes, les progrès agricoles qui, sur une surface donnée, augmentent sensiblement les produits, ont rendu indispensable l'emploi de machines expéditives pour suppléer à la pénurie de la main-d'œuvre : imposées par la nécessité, elles sont maintenant une de nos plus heureuses conquêtes, puisqu'elles mettent à la disposition du cultivateur des forces nouvelles, à l'aide desquelles il peut accomplir ses travaux avec économie, dans le temps le plus court et le plus opportun. Grâce à leur secours, si l'on n'échappe pas entièrement aux vicissitudes atmosphériques dont la Providence dispose seule souverainement, on ne risque plus autant d'être débordé par une tâche excessive, qui n'admet pas de retard.

Les machines récemment inventées pour venir en aide à l'agriculture, répondent à un des besoins les plus impérieux; leur adoption générale n'est plus qu'une affaire de temps; chaque jour, elles entrent, de plus en plus, dans la pratique usuelle et, sans supprimer le travail des bras, elles le répartissent d'une manière plus avantageuse, retranchent ce qu'il avait de pénible et de malsain, tel que le fauchage à la faux et le battage au fléau, et reportent ainsi les forces disponibles sur les améliorations qu'une agriculture intelligente a toujours en perspective, et qui ne lui feront jamais défaut. Loin donc de voir dans les machines une concurrence désastreuse pour la classe ouvrière, il faut applaudir à leur introduction; c'est une nouvelle source de richesses dont tout le monde doit, un jour, profiter: en diminuant les frais de main-d'œuvre, elles baissent le prix de revient et mettent à un plus bas prix les denrées versées dans la consommation.

Parmi les machines dont on fait le plus usage dans les exploitations, les *moissonneuses*, les *faucheuses*, les *faneuses*, les *râtisseuses* et les *machines à battre* sont les plus importantes; les premières expédient, en un jour, 4 à 5 hectares, ce qui exigerait au moins huit ou dix journées d'un faucheur vigoureux et très-expérimenté: les machines à battre, d'une puissance moyenne, débitent de 40 à 50 hectolitres par jour, tandis qu'un batteur en grange ne dépique guère plus d'un hectolitre 25 de grains dans sa journée ; quelle immense épargne de forces et de temps, choses si précieuses en agriculture ! Les machines laissent, en outre, plus de loisirs pour la culture de l'intelligence ; ne rendissent-elles que cet unique service, ce serait déjà un bienfait inappréciable, puisqu'en ménageant les forces du corps, elles économisent le temps au profit de l'esprit.

CULTURE DES PLANTES

Principes généraux.

Toute plante provient d'une graine ou d'un bourgeon qui, placé dans des circonstances déterminées, naît, croît, se développe, fructifie et reproduit le végétal dont il est issu.

La semence, mise en terre, a besoin d'obscurité, de chaleur et d'humidité pour germer. La germination opérée, la jeune plante enfonce sa radicule dans le sol, sa tige, au contraire, s'élance hors de terre, cherche l'air et la lumière, et se couvre de feuilles à l'aide desquelles elle s'empare des principes fertilisants de l'atmosphère ; plus tard, les organes reproducteurs, étamines et pistil, paraissent, l'acte de la fécondation végétale communique la vie aux germes contenus dans l'ovaire ; ceux-ci se développent sous l'influence de l'humidité, de la chaleur et des engrais, la graine se perfectionne de plus en plus; vient enfin le terme de sa maturité, le végétal est alors en état de continuer son espèce par sa propre semence, il transmet à ses descendants tout ou partie de ses défauts ou de ses qualités.

En général, c'est sous la forme de graines que le cultivateur met en terre les plantes qu'il veut multiplier. Le plus souvent, celles-ci occupent, pendant toute la durée de leur végétation, la place où elles ont commencé à germer; quelquefois, cependant, elles ne croissent que pendant un certain temps au lieu où elles ont levé, et, à une certaine période de leur développement, on les enlève pour les transplanter ailleurs dans une terre fraîchement préparée ; elles y achèvent leur existence.

Toute espèce de plante, semée à demeure ou transplantée, exige, pour sa réussite, l'accomplissement de certaines conditions générales, qui servent, en quelque sorte, d'introduction à la culture spéciale des plantes; elles se rapportent aux semis, à la transplantation, aux soins à donner aux plantes pendant leur végétation, au traitement et à la conservation de la récolte ; la connaissance et l'observation de ces conditions sont de la plus grande importance pour le cultivateur.

Semis.

Les règles générales concernant les semis se rapportent au choix de la semence, à la durée de sa faculté germinative, à la quantité de semence qu'il faut employer, à sa préparation, à l'époque des semailles, à la profondeur à laquelle il faut l'enterrer, et aux différentes manières de la répandre.

1. Choix de la semence.

Il est d'expérience qu'aucune graine n'est apte à produire une plante saine et vigoureuse, qu'autant qu'elle provient elle-même d'une plante robuste parvenue à sa complète maturité et possédant la faculté de germer.

Toutes circonstances de climat, de sol, d'engrais et de culture réservées, la graine la plus parfaite est celle qui donne les plus belles récoltes ; une semence imparfaite ou altérée peut être encore susceptible de germer et de donner naissance à des plantes dont le premier développement s'effectue sans difficulté, mais, à moins d'un sol et d'une température privilégiés et de soins assidus, ces plantes ont ordinairement une prédisposition maladive, elles faiblissent vers l'époque de leur floraison, leur fécondation s'opère mal, et, par suite, elles donnent peu ou point de graines.

La bonne qualité d'une graine se reconnaît à sa grosseur, à son poids, à son état normal et à l'absence d'odeur autre que celle qui lui est propre. Sa grosseur et son poids prouvent qu'elle est issue d'une plante vigoureuse ; son état normal dénote qu'elle est saine ; l'absence d'odeur est le meilleur indice qu'elle a été bien conservée, c'est-à-dire qu'elle n'a pas subi de fermentation, qu'elle ne s'est pas *échauffée*.

Quoique ces caractères soient autant de signes probables que la graine possède la faculté de germer, ils ne suffisent pas, cependant, pour certifier sa vitalité, on ne peut s'en assurer qu'en la soumettant à l'influence de la chaleur et de l'humidité. Le procédé suivant est souvent employé pour cette épreuve. On prend une soucoupe à demi pleine d'eau, on y fait tremper du coton sur lequel on répand un nombre déterminé de graines recouvertes d'un morceau de drap; on place le tout dans une pièce dont la température soit élevée : au bout d'un certain temps, les graines germent; on apprécie la qualité de la semence par le nombre des graines qui ont germé. Le semis sur couches de jardin fait aussi connaître très-promptement la qualité de la semence.

2. Durée de la faculté germinative des graines.

Toutes les graines ne jouissent pas, pendant le même laps de temps, de la faculté de germer. Quelques-unes la perdent promptement, d'autres la conservent très-longtemps ; l'âge, la chaleur, l'humidité et surtout la fermentation enlèvent aux graines leur faculté germinative.

A part quelques exceptions, les semences nouvelles sont préférables aux vieilles semences.

3. Changement de semence.

Le sol et le climat exercent une véritable influence sur la qualité des graines, et l'expérience prouve que, même avec des soins, on ne prévient pas toujours leur abâtardissement; dans ce cas, il y a avantage à renouveler, de temps en temps, la semence en la tirant des localités où elle est l'objet de soins particuliers et où elle acquiert le plus de perfection. Mais il s'en faut que le changement de semences, bon en soi et quelquefois nécessaire, soit toujours indispensable. Loin de là : dans la plupart des circonstances, lorsque le sol et le climat ne sont pas contraires, on peut, avec une bonne culture, se dispenser de tirer la semence du dehors ; il faut seulement avoir soin de la prendre dans les pièces de terre où les plantes sont vigoureuses, de récolter la graine quand la maturité est parfaite, et d'attendre une dessiccation complète pour la rentrer. En tirant la semence de son exploitation, le cultivateur a l'avantage de bien connaître l'espèce qu'il veut multiplier, et d'avoir une graine tout acclimatée, conditions essentielles que ne remplissent pas toujours des variétés empruntées à d'autres pays. Du reste, si l'on était aussi difficile vis-à-vis de sa propre semence, qu'on se montre exigeant à l'égard de la graine tirée du dehors, en d'autres termes, si l'on choisissait, dans sa récolte, la semence la plus belle, la mieux nourrie et la plus nette, nul doute que le changement de semence ne fût pas une obligation ;

on n'y aurait recours que dans des cas exceptionnels, par exemple, lorsqu'on s'aperçoit que les produits baissent en quantité ou en qualité, et cette sage précaution, au lieu d'être une routine, ne mériterait que des éloges.

4. Quantité de semence à employer.

La quantité de semence à employer sur une étendue donnée de terrain n'est pas chose indifférente. Pour que les plantes qui en proviendront donnent le plus haut produit possible, il faut que, dans leur complet développement, elles couvrent toute la surface du sol, et qu'elles y occupent chacune l'espace dont elles ont besoin sans se nuire les unes aux autres.

On détermine cet espace nécessaire en ayant égard à la nature du sol, à sa préparation, à son état de fertilité au moment des semailles ; il faut, en outre, tenir compte de la qualité de la graine, du mode de semaille, de la nature de la plante cultivée, des façons dont elle est l'objet pendant sa végétation et du temps qu'elle exige pour arriver à maturité.

Mieux le sol a été préparé, mieux sa surface est ameublie et plus il se trouve en bon état d'engrais, plus les plantes croîtront avec vigueur, plus il leur faudra d'espace pour se développer, moins il faut de semence. Au contraire, si l'on a affaire à un terrain pauvre ou mal préparé, moins les plantes prendront de développement, plus on devra semer épais pour obtenir une quantité déterminée de produits.

Il faut d'autant moins de semence, que la graine est de meilleure qualité.

Mieux la plante est appropriée au sol, mieux elle prospère, moins il faut de semence.

Plus la semaille est faite de bonne heure et par une température favorable, moins il faut de semence; il faut semer d'autant plus épais, qu'on sème plus tard et dans des conditions plus défavorables.

Plus le sol est fertile et net de mauvaises herbes, plus il favorise le développement et la vigueur des plantes, moins il faut de semence.

Plus la répartition de la semence est uniforme, mieux chaque graine occupe la place qui lui convient, moins la semaille peut être épaisse : voilà pourquoi on doit semer plus dru à la volée qu'au semoir.

En général, dans chaque localité, on connaît assez bien, par expérience, la quantité moyenne de semence qu'il faut employer pour telle ou telle nature de terrain; mais souvent, aussi, on suit plutôt l'instinct d'une habitude routinière, qu'on ne se guide par la réflexion, et l'on ne fait pas assez attention à l'état du sol et à sa fertilité, conditions essentielles, cependant, pour décider s'il faut semer plus ou moins épais.

5. Préparation de la semence.

On comprend sous ce nom l'opération par laquelle on plonge dans une dissolution certaines semences pour les préserver des maladies spéciales auxquelles elles sont exposées : telles sont, entre autres, la préparation qu'on fait subir au blé dans le but de le soustraire à la carie.

Il ne faut pas confondre avec cette opération l'usage de faire tremper la semence dans de l'eau ou du purin pour hâter sa germination. La graine humectée jouit, en effet, de la propriété de lever plus tôt, mais ce procédé n'est pas sans danger. Il réussit lorsqu'il vient à pleuvoir peu de temps après la semaille ; or, dans ce cas, la pluie le rend superflu. Le temps, au contraire, est-il sec? une germination artificiellement provoquée peut être fatale à la plante : le réveil de la graine se trouve arrêté dans un sol privé de fraîcheur, le germe souffre et même sèche sur pied si la sécheresse se prolonge ; on est alors obligé de recourir à de nouvelles semailles. Enfin, la semence humectée, n'admettant pas de retard pour être déposée dans le sol, on risque de la voir fermenter si un temps pluvieux empêche de semer. L'usage de faire tremper la semence pour hâter la germination offre donc, en réalité, plus d'inconvénients que d'avantages.

6. Époque des semailles.

L'époque des semailles varie suivant que les plantes peuvent, ou non, supporter un certain degré de froid pendant leur première végétation. Dans le premier cas, on sème en automne ; dans le second cas, au printemps, quand les gelées sont passées. L'époque des semailles se détermine encore par l'état du sol et de la température.

Pour toute espèce de plantes, il importe de saisir le moment favorable où l'état du sol concorde avec la nature de la plante qu'on veut cultiver. Ainsi, le maïs, les haricots, l'orge, le seigle, le sarrasin, etc., préfèrent, pour leur premier développement, un sol sec et déjà échauffé par la chaleur solaire ; le blé, l'avoine, le colza, etc., au contraire, lèvent mieux dans un sol un peu frais : la réussite de la récolte dépend souvent de l'heureuse rencontre de ce moment favorable.

L'état de la température au moment des semailles exerce aussi une influence sensible sur la levée des plantes, mais comme cette circonstance atmosphérique échappe à l'action de l'homme, il est sage, lorsque l'époque des semailles est arrivée, de ne pas trop les différer, dans l'espoir d'un temps plus favorable : un temps contraire et une préparation insuffisante du terrain peuvent seuls légitimer le retard des semailles ; celles qui sont faites de bonne heure, surtout pour les grains d'hiver, donnent, en général, les meilleurs résultats.

Les terres argileuses doivent être ensemencées avant les sols sablonneux et calcaires ; il en est de même des terrains pauvres : ils doivent être ensemencés d'autant plus tôt, qu'ils sont moins pourvus d'engrais.

Plus le climat est froid et humide, plus l'ensemencement doit être précoce pour les semailles d'hiver. Les semailles de printemps, dans les pays sujets à des vents secs et prolongés, gagnent à être faites avant les hâles, de sorte que la terre soit déjà couverte quand ceux-ci viennent à souffler.

7. Profondeur à laquelle la semence doit être enterrée.

Chaque graine doit être enterrée à une profondeur déterminée pour se trouver dans les conditions de chaleur, d'humidité et d'oxygénation nécessaires à sa germination ; cette profondeur varie selon chaque espèce de plantes qu'on cultive, suivant la nature du terrain, celle du climat et l'époque des semailles. Il est impossible de préciser, d'une manière absolue et pour tous les cas, la profondeur à laquelle il convient d'enterrer la semence ; on peut seulement se guider sur les données suivantes :

Plus le terrain est argileux, moins la semence doit être enterrée profondément ; c'est le contraire dans les terrains sablonneux.

Plus la saison et le climat sont chauds, plus la semence doit être enterrée profondément ; on peut, au contraire, l'enterrer superficiellement si le climat est humide ; en général, la graine doit être enterrée plus profondément au printemps qu'en automne.

Les semences très-menues, comme celles du trèfle, de la luzerne, de la lupuline, de l'œillette, etc., veulent être enterrées très-superficiellement. La semence doit être enterrée d'autant moins profondément, qu'elle met moins de temps à lever.

8. Différentes manières de répandre la semence et de l'enterrer.

Dans les habitudes de la culture, on répand la semence de deux manières : à la volée et au semoir. La première est la plus usitée et la plus expéditive ; elle exige une grande habileté pour que la semence soit également répartie sur toute la surface du champ ; encore, sous ce dernier rapport, est-elle inférieure à la semaille au semoir. La semence répandue à la volée peut être enterrée avec la charrue, la herse ou le scarificateur.

Quand la semence est enterrée à la charrue, on la dit semée *sous raie* ; ce procédé réussit dans les terrains très-légers et dans les climats secs ; mais, de la sorte, une partie de la semence, souvent enfouie à une assez grande profondeur, lève inégalement ou même ne lève pas ; les plantes, en outre, se trouvent disposées en lignes, et s'affament mutuellement sur un espace de terre trop borné. Quand on répand la semence sur le labour dont les arêtes sont restées intactes, et qu'on l'enterre par un ou plusieurs coups de herse, on se trouve avoir *semé sur raies* ; la semence est enfouie à une moins grande profondeur que lorsqu'on a recouvert à la charrue, mais les mêmes inconvénients d'une semence accumulée sur des lignes trop rapprochées se font sentir. Pour obtenir une meilleure répartition de la semence, il faut faire précéder la semaille d'un coup de herse ou d'un tour de rouleau, et enterrer la graine avec le scarificateur;

c'est le meilleur instrument qu'on puisse employer pour enfouir la semence assez profondément et d'une manière uniforme.

9. Transplantation.

Toutes les plantes, en agriculture, n'achèvent pas toujours leur végétation au lieu même où elles l'ont commencée.

Il y a parfois utilité à semer en pépinière, à arracher le plant lorsqu'il est parvenu à une certaine croissance, pour le transplanter dans une terre bien préparée où il doit compléter son développement.

La transplantation, entre autres avantages, a celui de concentrer les frais de première culture sur un espace restreint et d'économiser ainsi la dépense; elle place le semis dans d'excellentes conditions, analogues à celles qu'on rencontre dans le jardinage et qui assurent sa réussite; elle aide, en outre, à la marche de l'exploitation en laissant plus de temps pour la préparation du sol destiné à recevoir les plants provenant de la pépinière.

Pour que la transplantation réussisse, il faut que le plant soit vigoureux, qualité qu'il n'acquiert qu'autant que la pépinière a été bien préparée et bien fumée; que les plantes, nées du semis, n'ont pas été trop rapprochées les unes des autres, que leur croissance a été rapide et qu'on a eu soin de les tenir nettes de mauvaises herbes; il faut, en outre, que le plant soit arraché avec soin lorsqu'il est parvenu à la grosseur voulue pour la transplantation ; il faut, enfin, qu'au sortir de la pépinière, le plant soit mis avec précaution dans une terre bien préparée et suffisamment pourvue d'engrais et de fraîcheur.

La transplantation s'effectue de trois manières, à la charrue, à la houe à main, et au plantoir.

La transplantation à la charrue est la plus prompte et la plus économique. Elle consiste à déposer le plant sur la bande de terre renversée par la charrue, en laissant plus ou moins d'intervalle entre chaque plant et en espaçant les lignes à une distance déterminée. Par cette méthode, la terre amenée à la surface ne presse pas toujours suffisamment les racines, aussi est-il nécessaire de serrer le collet de la plante en y appuyant le pied.

Quand on se sert de la houe pour transplanter, on ouvre un trou avec cet instrument, on y introduit le plant, on le recouvre en ayant soin de presser, avec le pied, la terre contre le plant. Le plantoir offre un bon moyen de mettre le plant dans les conditions les plus favorables. Le terrain bien labouré et suffisamment ameubli, on y fait passer le rouleau, puis l'instrument appelé *rayonneur* qui trace les lignes sur lesquelles le plant doit être placé. On pratique alors les trous à la distance voulue en se servant d'un plantoir dont la longueur détermine l'écartement entre chaque plant et qui est traversé, dans sa partie supérieure, par une branche horizontale qui l'empêche de pénétrer au delà de la profondeur nécessaire ; à mesure que les trous sont ouverts, on y dépose le plant en l'ap-

6.

puyant un peu sur le côté ; par la pression du pied, on serre la terre contre le plant : cette dernière précaution contribue singulièrement à assurer la reprise.

Il est souvent nécessaire, dans les pays chauds, d'arroser le plant immédiatement après sa transplantation ; quand on peut irriguer, on a soin de donner l'eau quelques jours avant l'opération : on met le plant en place lorsque la terre est suffisamment ressuyée pour en permettre l'accès.

Soins généraux pendant la végétation.

Ils comprennent les travaux de sarclage, binage et buttage qu'on donne aux plantes pendant leur végétation pour hâter leur croissance et favoriser leur développement.

Les plantes croissent d'autant plus vite et se développent d'autant mieux, qu'elles s'emparent plus facilement des principes nutritifs contenus dans le sol et dans l'atmosphère. On sait que l'engrais, en contact avec l'air et sous l'influence simultanée de la chaleur et de l'humidité, se décompose, devient soluble et peut alors servir de nourriture aux plantes. Plus le sol est remué, tout en restant dans de bonnes conditions de fraîcheur et de chaleur, plus l'engrais est rendu assimilable, plus les plantes prennent de développement : les binages, et surtout les binages répétés et appliqués judicieusement, favorisent ce résultat.

On sait encore que les mauvaises herbes font sans cesse la guerre au cultivateur. Elles vivent toujours au détriment de la récolte, non-seulement en prenant une partie des principes nutritifs contenus dans le sol, mais aussi en usurpant un espace dont la récolte a besoin pour se bien développer. Par leur présence, elles contrarient les plantes utiles dans l'extension de leurs racines, de leurs tiges et de leurs feuilles, et les privent, en les dominant, de l'air et du soleil dont toute plante a besoin pour arriver à sa perfection. Le sarclage est le moyen employé pour se débarrasser des mauvaises herbes qui surviennent pendant la végétation des plantes.

Enfin, certaines plantes ont besoin d'une forte couche de terre accumulée à la base de leurs tiges, soit pour se défendre contre les grands vents qui pourraient les renverser, soit pour donner des produits plus abondants : on satisfait à cette condition par le buttage.

1. Binage.

Le binage a pour but d'ameublir le sol autour des plantes en végétation. Il s'effectue à la main ou bien avec la houe à cheval et quelquefois aussi au moyen de la herse. Le binage à la main, beaucoup plus parfait que celui de la houe à cheval, a l'avantage de pouvoir s'appliquer même à une époque avancée de la végétation, quelle que soit la disposition des plantes sur le terrain. Le travail de la houe à cheval, plus expéditif et moins dispendieux que celui du binage à la main, ne peut s'effectuer que lorsque les plantes se trouvent en ligne et à une distance déterminée ; comme il remue seulement l'intervalle qui sépare chaque rangée de plantes, il nécessite le binage complémentaire à la main pour que le pied des plantes soit également ameubli.

Le binage au moyen de la herse est le plus prompt et le plus économique, mais il ne remplace qu'imparfaitement le travail fait à la main ou avec la houe à cheval.

Les binages, indépendamment de leur action sur l'engrais contenu dans le sol, font profiter les plantes des vapeurs humides répandues dans l'atmosphère et impriment ainsi une vive impulsion à la végétation : ils sont d'autant plus nécessaires, que le terrain est plus compacte et que la sécheresse est plus forte.

2. Sarclage.

Le sarclage proprement dit consiste à détruire avec la main les mauvaises herbes qui croissent parmi les plantes cultivées : le hersage, le binage et le buttage sont d'excellents moyens pour faire périr les mauvaises herbes et assurer aux récoltes l'espace et la nourriture auxquels elles ont droit.

Le sarclage, pour atteindre son but, doit être appliqué lorsque les mauvaises herbes n'ont pas encore pris un grand développement; il se pratique avec facilité lorsque la terre, sans être humide, conserve encore assez de fraîcheur pour que les plantes soient aisément enlevées à la main ou avec la binette; on ne doit jamais l'effectuer par un temps humide, sous peine de pétrir la terre et de voir la plupart des mauvaises herbes reprendre après avoir été détachées du sol. Lorsque le sarclage est fait à la main et dans la première période de la végétation, comme cela a lieu pour le blé, il est avantageux de le faire suivre d'un coup de herse : le terrain se trouve ainsi mieux ameubli et surtout mieux purgé des mauvaises herbes restées sur le sol après avoir été arrachées.

Le nombre des binages et des sarclages est moins essentiel que leur opportunité ; il faut y revenir aussi souvent que la terre se prend en croûte ou s'infeste de mauvaises herbes, et jusqu'à ce que la récolte soit assez vigoureuse pour étouffer, par sa propre végétation, toutes les plantes adventices.

3. Buttage.

Le buttage a pour but d'accumuler de la terre meuble au pied des plantes parvenues à un certain degré de végétation.

On le pratique à la main ou à l'aide du buttoir ; ce dernier procédé, beaucoup plus parfait et plus expéditif que celui qui se fait à la main, est aussi plus économique.

Le buttage, en plaçant les plantes au milieu d'une couche de terre plus épaisse, met à leur disposition un plus grande quantité de principes nutritifs ; il favorise, d'une manière spéciale, le développement de leurs parties souterraines et y maintient la fraîcheur ; il contribue aussi énergiquement à la destruction des mauvaises herbes et, dans certains cas, il préserve les plantes du froid, tout en leur fournissant un certain appui contre le vent.

Le moment le plus favorable pour appliquer le buttage, est celui où les plantes ont pris assez de développement pour que leur tige ne soit pas entièrement couverte par la terre jetée à droite et à gauche par les deux versoirs.

On reconnaît que l'opération du buttage a été bien faite lorsque la terre, relevée des deux côtés de l'ados, ne forme qu'une arête au sommet, laissant passer la partie supérieure de la tige. Dans certaines circonstances déterminées par la végétation des plantes, l'opération du buttage s'effectue en deux fois. La première fois, on écarte beaucoup les versoirs et l'on ne pénètre qu'à une petite profondeur ; la deuxième fois, c'est-à-dire après un intervalle de dix ou quinze jours, suivant la marche de la végétation, on rapproche davantage les versoirs et l'on pénètre plus avant : l'opération est alors complète.

Le buttage ne doit être appliqué que lorsque la terre, ni trop sèche, ni trop humide, se laisse aisément entamer et pulvériser ; la prospérité des plantes en dépend.

Traitement et conservation des produits.

Tout ce qui concerne la récolte est de la plus haute importance pour le cultivateur ; elle est le but et la récompense de son labeur ; encore un effort, et il va recueillir le fruit de toute une année de sollicitude et de peines. Un bon choix d'ouvriers, en nombre suffisant pour la tâche qu'ils auront à accomplir, une habile distribution du temps et des travaux, l'opportunité des opérations, leur bonne et rapide exécution, une surveillance sans relâche, sont les meilleurs moyens de dominer les circonstances contraires, et de faire la récolte rapidement et économiquement.

On comprend, en général, sous le nom de récolte toutes les opérations qui ont pour objet de séparer les plantes du sol, de mettre leurs produits en état d'être emmagasinées, et d'y rester plus ou moins longtemps en dépôt.

Toutes les plantes qui sont l'objet de l'agriculture ne se récoltent pas à la même époque de leur végétation. Les unes, comme les céréales, se coupent lorsque la maturité du grain est achevée ou du moins sur le point d'être complète. D'autres, telles que les fourrages, se prennent quand elles sont en fleurs ou sur le point de fleurir. Pour plusieurs, comme les récoltes-racines, la récolte a lieu quand leurs produits souterrains ont atteint leur plus grand développement.

Chaque catégorie de plantes exige donc, pour sa récolte, un traitement particulier dont l'exposé rentre dans les détails de la culture spéciale des plantes; mais il n'est pas permis d'ignorer les notions générales concernant les travaux de fauchage et de sciage, la disposition des produits, leur mise en meules ou en greniers, leur battage, leur nettoiement et leur conservation : ces règles trouvent leur application dans le plus grand nombre des cas.

1. Fauchage et sciage.

Beaucoup de plantes agricoles sont séparées du sol par la faux ou la faucille. La faucille est moins pénible à manier que la faux ; elle permet d'employer les femmes, les jeunes gens et jusqu'à des vieillards, tandis que la faux exige le concours d'hommes robustes et habiles, et ne peut se passer d'ouvriers auxiliaires. Celle-ci, en revanche, expédie plus d'ouvrage que la faucille et rase de plus près le sol. La faux, toutefois, ne peut être employée partout ni dans toutes les circonstances; elle fonctionne mal dans les terrains très-pierreux et lorsque les récoltes sont versées: dans ces deux cas, il est préférable de recourir à la faucille, ou mieux encore, à la sape, petite faux particulière, avec laquelle l'ouvrier coupe, de la main droite, la gerbe qu'il a rassemblée avec le crochet dont sa main gauche est armée. La sape, maniée par des mains exercées, quoique jeunes, expédie moitié plus d'ouvrage que la faucille; elle coupe très-près du sol et ne fait qu'un tiers de moins de besogne que la faux : elle mériterait d'être généralement adoptée ; elle est surtout précieuse quand les récoltes sont versées.

2. Dessiccation des produits.

Les plantes, une fois coupées, exigent un temps plus ou moins long pour que l'humidité dont elles sont imprégnées s'évapore ; cette humidité, tant qu'elle subsiste à un certain degré, ne permet pas d'engranger la récolte ; elle compromettrait sa conservation si on l'emmagasinait en cet état, et pourrait, parfois, occasionner des incendies, par suite de la fermentation qui s'y déclarerait.

Les procédés de dessiccation varient suivant les différentes espèces de plantes qu'on a récoltées ; l'air et la chaleur sont les deux grands moyens employés à cet effet.

Pour les céréales, la dessiccation se fait en javelles ou en gerbes. Par la première méthode, on laisse la récolte sur terre pendant un certain temps avant de la mettre en gerbes et de la lier ; par la seconde, on lie aussitôt après avoir coupé : il faut pour cela que la récolte contienne peu d'herbe, que la maturité soit très-avancée et qu'on opère sous un climat chaud et par un temps sec.

Les gerbes sèchent d'autant plus vite, qu'elles sont moins volumineuses et qu'elles ont été liées par un temps plus sec ; même dans ces conditions, il est préférable de les laisser se ressuyer sur le sol avant de les rentrer.

La disposition des gerbes qu'on veut faire sécher est loin d'être partout la même. Dans certaines localités, on les place en croix les unes sur les autres ; ailleurs, on les dresse en cônes présentant l'aspect d'une toiture à deux pans ; dans certains endroits, on met la récolte en moyettes, c'est-à-dire qu'on prend une première gerbe, on la place debout, et autour de ce point central, on dispose un certain nombre d'autres gerbes circulaires, inclinées légèrement à leur partie supérieure ; un lien commun assure leur fixité ; on recouvre le tout d'un chapeau formé par une gerbe fortement liée dont les épis regardent le sol : cette méthode mérite incontestablement la préférence dans les climats pluvieux.

La dessiccation la plus usitée pour les fourrages artificiels est celle-ci :

Les plantes fauchées restent ordinairement en andains pendant quelque temps ; on les retourne quand elles ont subi un commencement de dessiccation ; dès que celle-ci s'est effectuée suffisamment, on met le fourrage en meulons ; il passe la nuit en cet état et continue d'y fermenter : il suffit alors de l'exposer pendant quelque temps à l'air pour compléter sa dessiccation.

Le fanage des prairies naturelles s'opère de la même manière, avec cette différence essentielle, qu'on éparpille l'herbe au lieu de se contenter de retourner les andains, quand leur surface a subi un commencement de dessiccation.

Le fourrage, de quelque nature qu'il soit, ne doit jamais passer la nuit autrement qu'en tas lorsque les andains ont été déjà retournés ; on les ouvre lorsque la rosée du matin est complétement dissipée.

Ces procédés de dessiccation se modifient suivant que le climat est plus ou moins chaud : le point essentiel est d'obtenir une dessiccation rapide, complète sans être exagérée, et de laisser le moins possible de débris sur le sol.

3. Mise en meule ou en grange.

Les récoltes, particulièrement celles des céréales, sont rarement battues aussitôt après leur dessiccation ; le plus souvent on en forme des meules, ou bien on les engrange avant d'extraire le grain.

Deux points essentiels dans cette opération sont à observer : il importe d'abord de n'enlever la récolte que lorsqu'elle est suffisamment sèche ; il faut, en outre, la disposer dans la grange ou en meules, de telle sorte qu'elle s'y conserve bien : les précautions, à cet égard, doivent être d'autant mieux prises et mieux observées, que la récolte doit rester plus longtemps à l'état de dépôt.

4. Battage.

On détache les grains de leurs épis à l'aide du fléau, par les pieds des animaux, par des rouleaux ou bien au moyen de machines.

Le battage au fléau est très-pénible ; il est aussi fort dispendieux, par suite du petit nombre de gerbes qu'un ouvrier vigoureux peut battre dans l'espace d'une journée et de la quantité de grains qu'il laisse toujours dans les épis. C'est le procédé le plus répandu en France : entre autres avantages, il présente celui de conserver la paille intacte et de s'effectuer pendant la morte saison.

Le battage par les pieds des chevaux ou le dépiquage n'est en vigueur que dans les contrées méridionales ; par ce procédé, on expédie plus de besogne qn'avec le fléau lorsque le temps est sec et la température élevée, et que l'attelage est bien conduit, mais il est loin d'être aussi économique qu'on le croit généralement. Il ne soustrait pas la récolte aux intempéries de l'atmosphère quand l'opération vient à être contrariée par le mauvais temps ; il laisse des grains dans les épis ; il a surtout l'inconvénient grave d'introduire au sein de l'exploitation des étrangers à la discrétion desquels on est à peu près livré pendant tout le temps du dépiquage ; c'est pourquoi, dans les contrées où il se pratique, on regarde comme un progrès de lui substituer le battage au rouleau.

Ce procédé s'effectue à l'aide d'un ou de plusieurs rouleaux de pierre, de forme un peu conique, traînés ordinairement par des bêtes de trait. Ce serait peut-être le mode de battage le plus économique et le mieux approprié aux climats méridionaux, s'il n'avait, comme le dépiquage, l'inconvénient d'employer les attelages dans la saison la plus chaude de l'année et par le soleil le plus ardent, à une époque où l'on vient d'essuyer les fatigues de la moisson et où il faudrait employer les bêtes de trait à la préparation des terres.

Quoi qu'il en soit, le rouleau appliqué au battage est un véritable progrès pour le midi de la France : il expédie autant d'ouvrage, il ménage mieux la paille et extrait le grain des épis mieux que les pieds des animaux ; il ne le cède, en réalité, qu'aux machines à battre.

Celles-ci réunissent toutes les conditions voulues pour un battage prompt et économique : elles permettent de choisir la saison et le temps le plus favorables pour opérer le battage ; elles remplacent les hommes vigoureux qu'exige le battage au fléau par des femmes et de simples ouvriers ; elles laissent à peine de grains dans les épis et expédient beaucoup d'ouvrage en très-peu de temps, aussi rendent-elles d'importants services : leurs inconvénients sont d'exiger une forte dépense pour leur acquisition et d'employer beaucoup de bras.

5. Nettoiement de la récolte.

Le grain battu doit subir une préparation préliminaire, celle du nettoiement, avant d'être mis en magasin.

Le procédé le plus ancien et le plus simple consiste à jeter le grain contre le vent, au moyen d'une pelle ; les corps étrangers légers avec lesquels il se trouve mélangé s'en séparent en tombant au loin. Ce moyen est fort usité dans les contrées méridionales où l'on bat en plein air. Partout ailleurs, l'opération s'exécute dans l'intérieur des bâtiments à l'aide d'un tarare. Cet instrument indispensable

Tarare.

produit une ventilation très-énergique, qui chasse les corps légers par une ouverture supérieure, tandis que le grain, tombant sur une trémie, éprouve un mouvement continu de va-et-vient, et s'entasse sous la machine.

Le tarare contribue puissamment à débarrasser le grain de toutes matières étrangères, mais il faut encore compléter son action par celle du crible ou, mieux encore, par des *trieurs*, quand on veut se procurer une semence pure de toute mauvaise graine. Ce surcroît de travail et de dépense est largement compensé par l'économie de sarclage qu'apporte avec elle une semence bien nettoyée, composée uniquement de grains bien nourris, sans mélange de mauvaises graines.

6. Conservation de la récolte.

C'est dans les greniers qu'en France on dépose les grains battus ; pour qu'ils s'y conservent bien, il faut qu'ils réunissent les conditions suivantes :

Ils doivent être à l'abri de l'humidité ; l'air doit pouvoir circuler librement dans les greniers au moyen d'ouvertures ménagées, de manière à produire, à volonté, des courants d'air à la surface des grains : ces ouvertures doivent être défendues par des grillages en fer pour interdire tout accès aux rats et aux oiseaux. Le plancher doit être formé de planches bien jointes ; les murs intérieurs doivent être entretenus sans fentes ni crevasses et recrépis de temps à autre.

Le grain doit être étendu dans le grenier en couches minces, ne dépassant pas d'abord 12 à 15 centimètres de hauteur, brassé et remué plusieurs fois par semaine ; lorsqu'il est bien sec, on peut élever le tas jusqu'à un mètre de hauteur, et se contenter alors de le remuer une ou deux fois par mois.

Les graines oléagineuses étant très-sujettes à s'échauffer dans les premiers temps qui suivent le battage, la précaution de les étendre en couches minces dans le grenier leur est surtout applicable; les récoltes-racines se conservent en caves ou en silos.

Les fourrages se conservent dans les fenils ou dans les meules; celles-ci, bien faites, sont préférables aux fenils. Non-seulement avec elles on évite des frais de construction et d'entretien coûteux, mais encore le foin se conserve mieux que dans les fenils où les parois des murs, le contact du toit, en font avarier une partie; les meules, seulement, présentent moins de facilité pour la distribution journalière des fourrages, que lorsque le foin est serré dans des bâtiments.

CLASSIFICATION DES PLANTES AGRICOLES

Toutes les plantes qui sont l'objet des soins du cultivateur peuvent être comprises dans cinq grandes divisions : les céréales, les farineux, les récoltes-racines, les plantes commerciales et les plantes fourragères.

Les céréales renferment le blé, l'épeautre, le seigle, l'orge, l'avoine, le maïs, le millet et aussi, par extension, le sarrasin ou blé noir ; ces plantes sont les plus précieuses pour l'homme ; presque partout, il leur emprunte sa principale nourriture.

A l'exception du sarrasin, toutes appartiennent à la famille des graminées. Elles sont annuelles et bisannuelles. Leurs racines s'étendent le plus souvent à la surface du sol, elles y forment des touffes et se multiplient en *tallant*, c'est-à-dire que leurs nœuds inférieurs émettent de nouvelles racines, et donnent naissance à de nouvelles tiges lorsqu'ils sont recouverts d'une terre meuble et que la plante, au commencement de son développement, se trouve contrariée dans sa croissance verticale.

Par un bienfait tout spécial de la Providence, les *céréales* viennent dans la plupart des terrains et sous des climats très-divers; en vertu de leur rusticité, elles résistent généralement aux intempéries et même à une culture négligée ; toutefois, leur produit est toujours en raison directe de la convenance du sol, du climat et des soins qu'on leur consacre. Leur grain renferme, en proportions variables, deux substances essentielles pour l'alimentation de l'homme, le gluten et l'amidon. La valeur nutritive du grain est déterminée par la quantité de gluten qu'il contient ; plus il en contient, moins il nécessite de rations supplémentaires pour l'entretien de la vie ; le poids du grain est un moyen plus sûr que son volume pour apprécier sa valeur nutritive. Suivant que les céréales ont ou n'ont pas la faculté de supporter les rigueurs de l'hiver, on les distingue en céréales d'hiver et en céréales de printemps.

Selon la saison et l'état de la température, les céréales lèvent plus ou moins vite, mais, dans tous les cas, elles doivent lever uniformément et présenter une belle couleur, indice certain de leur état régulier. Après la levée, plus la tige jette de pousses latérales du nœud qui surmonte la racine, plus elle annonce de vigueur et promet abondance.

Quelque long et rigoureux que soit le froid, en hiver, les céréales abritées sous une couche de neige n'en souffrent pas ; les semailles, au contraire, sont fortement éprouvées par les changements brusques de température. Les alternatives de gelées et de dégels les exposent à être, tour à tour, noyées et déchaussées ; elles résistent d'autant mieux aux intempéries qu'elles ont déjà tallé à l'entrée de l'hiver.

Les céréales, fatiguées par la mauvaise saison et devenues claires, peuvent être ramenées à un meilleur état par un hersage vigoureux donné au printemps, lorsque le terrain est suffisamment ressuyé ; mais si les plantes ont été soulevées, déchaussées, ce n'est plus la herse qu'il faut employer, c'est le rouleau.

Au moment de leur floraison, toutes les céréales se trouvent bien d'un vent frais, soit du nord, soit de l'est ; à cette époque, elles sont sujettes à *couler* quand des pluies prolongées ou un temps couvert viennent contrarier la fécondation. Les céréales, de bonne venue, doivent présenter à leur floraison une surface uniforme à leur sommet. Vers ce temps, comme aussi aux approches de la maturité, elles sont exposées à verser et à être atteintes du charbon, de la carie et de la rouille. Le versage est souvent occasionné par des labours trop superficiels, une semaille trop épaisse, des pluies prolongées et, parfois aussi, par une forte fumure directe, qui, gorgeant la plante d'une séve aqueuse, et la faisant pousser trop rapidement en hauteur, empêche ses tiges de prendre assez de consistance pour résister ; le versage a des conséquences d'autant plus fâcheuses, que la plante est plus éloignée de son point de maturité ; des labours de moyenne profondeur, une fumure appliquée aux plantes fourragères qui précèdent immédiatement les céréales, une semaille modérée sont les meilleurs moyens de prévenir cet accident.

Le *charbon* est occasionné par un champignon

qui attaque le grain et le détruit en remplaçant sa farine par une poussière noire, inodore. Jusqu'ici, on ne lui connaît pas de remède. Le blé, l'orge, l'avoine, y sont sujets; le seigle ne la connaît pas, mais il est souvent attaqué, dans les années chaudes et humides, par une autre substance, l'*ergot*, dont la présence dans le pain peut occasionner de graves accidents.

La *carie* est également produite par un champignon qui décompose la substance farineuse du grain et la change en une substance *noire et fétide;* cette maladie est héréditaire, mais on la combat efficacement par le sulfatage : on fait dissoudre 8 ou 10 kilogrammes de sulfate de soude (sel de Glauber) pour un hectolitre d'eau, et on arrose chaque hectolitre de grain de 8 ou 10 litres de cette solution, de manière que tous les grains versés dans un cuvier soient humectés sur toute leur surface; on les brasse à plusieurs reprises, et on les saupoudre ensuite de chaux pour hâter leur dessiccation.

La *rouille* est due à un champignon qui apparaît souvent à la suite d'un changement brusque de température; elle envahit les feuilles et les tiges des céréales, croît à leurs dépens et les couvre d'une poussière rougeâtre : jusqu'ici, on ne connaît pas de remède à ce mal.

Après les céréales, les *légumes farineux* sont les grains les plus importants pour l'alimentation de l'homme; leur farine, impropre à la panification, contient une forte proportion d'amidon, de gluten et d'albumine; leurs fanes fournissent une bonne nourriture au bétail; leur récolte s'allie très-bien avec celle des céréales, ils la précèdent ou la suivent à volonté : qu'on les sème à la volée, ou qu'on les cultive en lignes, ils s'intercalent aisément dans les assolements.

Les légumes farineux cultivés en plein champ sont : les fèves, les pois, les haricots, les lentilles et les pois chiches.

Sous le nom de *récoltes-racines*, on comprend certaines plantes telles que la pomme de terre, la betterave, la carotte, le navet, le rutabaga, le topinambour, dont le tubercule ou la racine forme le principal produit et sert à l'alimentation de l'homme ou des animaux.

Consommées par le bétail, les récoltes-racines reproduisent une quantité d'engrais supérieure à celle qu'elles ont absorbée; sous ce rapport, elles exercent déjà une heureuse influence sur le sol en accroissant sa fertilité. Elles ont encore d'autres avantages. Les binages et buttages répétés qu'elles exigent, laissent le terrain dans un état remarquable de netteté et d'ameublissement, ce qui constitue une véritable préparation pour les récoltes ultérieures. Elles s'intercalent heureusement dans les assolements, et répartissent ainsi les chances contraires sur un plus grand nombre de récoltes; elles divisent le travail d'une manière plus égale entre les diverses époques de l'année; elles fournissent une nourriture fraîche au bétail pendant l'hiver, et, par leurs produits abondants, deviennent de puissants auxiliaires des céréales pour l'alimentation de l'homme. Ces bienfaits leur assurent un rôle important dans l'économie rurale ; en bien des cas, elles permettent de restreindre l'étendue des jachères et peuvent souvent en tenir lieu, lorsqu'on leur applique la quantité de fumier qu'elles réclament, et qu'on les travaille avec soin.

On appelle *plantes commerciales* celles qui sont cultivées exclusivement en vue de la vente, et dont les produits contribuent fort peu à la création des engrais.

Les bénéfices considérables qu'elles procurent quand elles réussissent, en font le couronnement d'une agriculture très-avancée, assez riche en engrais, pour que leur abondance puisse être détournée, sans danger, au profit de récoltes qui ne rendent rien au sol.

Les plantes commerciales exigent, en général, un sol parvenu à une haute fertilité; elles appauvrissent l'exploitation de tout le fumier qu'elles lui enlèvent sans restitution ; elles demandent de fortes avances, soit pour la préparation du sol, soit pour des menues cultures répétées ; mais l'argent qu'elles amènent à la ferme quand elles ont prospéré est un avantage précieux ; seulement, leur culture ne convient qu'au cultivateur qui domine complétement sa position.

Les plantes commerciales forment plusieurs catégories : aux plantes oléagineuses appartiennent le colza, la navette, le pavot, la cameline ; dans les plantes textiles se rangent le lin, le chanvre, le ramié ; parmi les plantes tinctoriales se trouvent la garance, la gaude, le pastel; viennent enfin d'autres plantes, telles que le tabac, le houblon et la cardère.

La division des *plantes fourragères*, partagée en deux groupes, comprend certaines plantes; les unes sont vivaces, les autres occupent le sol pendant une série d'années, tandis que plusieurs sont simplement annuelles; les premières constituent les prairies naturelles, les autres sont désignées sous le nom général de *fourrages artificiels;* les unes et les autres sont la base d'une bonne agriculture.

En effet, la terre, fatiguée par les récoltes multipliées qu'on lui demande et dont chacune lui enlève une partie de sa fertilité, tendrait à s'épuiser de plus en plus, et finirait par arriver à un état voisin de la stérilité, si les plantes fourragères, empruntant presque toute leur nourriture de l'atmosphère, ne réparaient le déficit par la richesse qu'elles apportent au sol. L'ombre dont elles le couvrent, les débris nombreux qu'elles lui abandonnent, les engrais abondants dont elles sont la source, le peu de frais qu'occasionne leur culture, l'état d'ameublissement et de propreté où se trouve le terrain qui les a portées, leur propriété d'être un excellent précédent pour toutes les récoltes, les rangent parmi les plantes les plus précieuses. Elles ne sont pas le but même de la culture, mais c'est un moyen de l'atteindre économiquement, aussi, à moins de circonstances exceptionnelles, telles qu'une extrême richesse naturelle du sol ou le voisinage de villes dont on tire, à volonté, de grandes masses d'engrais, le cultivateur ne peut-il pas s'en passer; de la juste proportion qu'il leur assigne parmi les autres récoltes, dépend la prospérité de son entreprise, car elles seules lui permettent d'entretenir beaucoup de bétail et de se procurer les engrais nécessaires à ses besoins.

Sous un climat humide, dans les pays sujets aux inondations, dans ceux où la main-d'œuvre est rare, et dans les sols où la luzerne et le sainfoin ne viennent pas ou sont de peu de durée, les *prairies naturelles* sont de première nécessité ; dans ces différents cas, la production de l'herbe, dût-on se borner à la faire pâturer, forme le principal élément des bénéfices qu'on demanderait en vain à des cultures, en apparence, plus lucratives. Nulle part, de bonnes prairies naturelles ne sont à dédaigner. Elles occasionnent peu de dépenses; elles assurent la nourriture du bétail, elles laissent intact le fond de roulement et permettent de s'occuper de l'amélioration du domaine; quand on peut les irriguer, elles ne le cèdent à aucun produit, c'est le revenu le plus élevé qu'on puisse obtenir du sol d'une manière permanente : aucune autre récolte, si ce n'est la vigne, ne saurait leur être comparée : leur création et leur entretien méritent la plus grande attention.

Les *prairies artificielles* se recommandent par de précieuses qualités. Mieux encore que l'herbe, elles tirent leur principale nourriture de l'atmosphère quand elles se trouvent dans de bonnes conditions de climat et de terrain et que leur premier développement a été vigoureux. Elles fournissent, en peu de temps, une quantité considérable de fourrage d'excellente qualité; elles améliorent le sol, et livrent à courte échéance les richesses qu'elles y introduisent; par la facilité avec laquelle elles précèdent ou suivent toutes les récoltes, elles éloignent le retour des mêmes plantes sur le même sol, et contribuent singulièrement à accroître leur rendement; ces avantages les ont fait regarder avec raison comme le fondement le plus solide de toute agriculture raisonnée; elles sont le point de départ et la chaîne sans fin des progrès agricoles accomplis de nos jours.

Les principaux fourrages cultivés comme prairies artificielles sont, dans l'ordre de leur importance : la luzerne, le trèfle, le sainfoin, la vesce, les pois, le farrouch ou trèfle incarnat, la lupuline; l'ajonc, dans les terres exclusivement siliceuses, remplit aussi ce rôle.

Règle générale : on ne doit pas ramener la prairie artificielle, de nature semblable, sur le même sol, avant un laps de temps au moins égal à celui pendant lequel elle l'a occupé.

DU SYSTÈME DE CULTURE

On entend par système de culture le choix qu'il convient de faire et la proportion qu'il est nécessaire d'établir entre les récoltes pour en tirer le plus grand profit, tout en maintenant la terre en état de fertilité. Là où l'on peut se procurer aisément du dehors autant d'engrais et de bras que l'exploitation l'exige, un système régulier de culture n'est pas indispensable ; l'art du cultivateur se borne alors à choisir les récoltes les mieux appropriées à sa terre et aux circonstances économiques qui l'entourent. Mais de telles positions sont bien rares. Dans la plupart des cas, une culture qui n'aurait d'autre guide que le pur caprice ne pourrait prospérer. Il ne suffit pas de bien connaître le sol qu'on exploite et d'être en mesure d'obtenir les récoltes les plus lucratives, il faut encore savoir équilibrer la production avec les ressources du sol, de manière à ne pas lui demander plus qu'il ne peut donner, et à ne pas s'encombrer de denrées d'un écoulement difficile ; il faut, en un mot, garder une juste proportion entre la fertilité du terrain et les récoltes épuisantes, et régler sa culture d'après les exigences du marché.

Trois conditions principales concourent à ce but : un choix judicieux de récoltes appropriées au climat et au sol ; une rotation qui place les plantes dans l'ordre où elles donnent le plus fort rendement ; un assolement en harmonie avec les besoins de l'exploitation. La réunion de ces diverses conditions forme le système de culture et détermine sa valeur.

Tout l'art des assolements se résume dans les principes généraux suivants :

1° Alterner les récoltes de manière que celles qui précèdent, préparent le succès de celles qui suivent;

2° Entre deux récoltes épuisantes, placer une ou plusieurs récoltes améliorantes ;

3° Remplacer les plantes qui salissent le sol par des plantes qui, l'ombrageant fortement, ne laissent pas pousser les mauvaises herbes, ou qui exigent des cultures répétées pendant leur végétation ;

4° Semer les plantes fourragères seules, dans une terre propre, bien travaillée, et en bon état d'engrais, ou dans la céréale qui suit immédiatement une récolte sarclée et fumée ;

5° Réserver le fumier pour les récoltes binées ou fauchées en vert, au lieu de l'appliquer directement aux céréales ;

6° Faire de la production des engrais la base de l'entreprise agricole ;

7° Proportionner les récoltes qui ne rendent rien au sol avec celles qui y retournent, en partie, sous forme de fumier ;

8° Établir les cultures de manière que le travail

soit réparti, autant que possible, entre toutes les saisons, afin qu'entre chaque semaille on ait le temps de préparer convenablement le sol, et qu'on puisse remplacer les récoltes qui viendraient à manquer.

Les assolements suivants donnent une idée de l'application de ces règles.

Assolement de quatre ans.

1° Récoltes-racines fumées.
2° Avoine.
3° Trèfle.
4° Blé.

Pour éviter le retour trop fréquent du trèfle, on partage la troisième sole en deux : sur l'une, on sème des vesces, sur l'autre du trèfle, et *vice versa;* le trèfle, de cette manière, ne revient que tous les huit ans sur lui-même.

Assolement de cinq ans.

1° Jachère, vesces en récoltes sarclées fumées.
2° Blé ou avoine.
3° Trèfle.
4° Colza avec demi-fumure.
5° Blé.

Luzerne ou sainfoin en dehors de l'assolement.

Assolement de six ans.

1° Vesces avec demi-fumure.
2° Blé.
3° Récoltes-racines fumées.
4° Avoine.
5° Trèfle.
6° Blé.

Luzerne ou sainfoin en dehors de l'assolement.

Assolement de sept ans.

1° Récoltes sarclées fumées.
2° Avoine.
3° Trèfle.
4° Colza sur la deuxième coupe de trèfle enterrée en vert.
5° Blé.
6° Vesces avec demi-fumure.
7° Blé.

Luzerne ou sainfoin en dehors de l'assolement.

NOTIONS D'ÉCONOMIE RURALE

L'économie rurale a pour objet l'organisation des différentes parties de l'exploitation ; elle traite, entre autres choses, du cultivateur, du choix du domaine, de l'emploi des capitaux, des engrais, du travail et de la comptabilité.

Du cultivateur.

Parmi les professions industrielles, l'agriculture est une de celles qui exigent le plus de qualités. Il ne suffit pas, en effet, que le cultivateur possède une certaine dose d'instruction et d'intelligence, il doit encore réunir le bon sens, l'activité, la prudence, la persévérance et cette sage économie qui consiste moins à épargner les capitaux qu'à les employer à propos, sans avarice comme sans prodigalité. Un esprit observateur et exempt de préjugés est un don précieux pour le cultivateur; il évite ainsi de suivre aveuglément des pratiques qui n'ont pour elles que la routine, et il ne s'oppose pas aux innovations par la seule raison qu'elles lui sont étrangères. Il doit encore se recommander par d'autres qualités. Il faut qu'il ait l'esprit d'ordre, sans lequel son entreprise ne peut réussir ; il doit étudier les circonstances qui l'entourent, se tenir au courant des prix, saisir les moments les plus avantageux de vendre et d'acheter, et mettre, avant tout, la plus grande probité dans toutes ses opérations, car la ruse et la supercherie sont contraires à la morale, elles finissent, tôt ou tard, par être découvertes, et le bien mal acquis ne profite jamais.

Du domaine.

Le cultivateur qui veut entreprendre l'exploitation d'une terre doit, autant que possible, rechercher les conditions suivantes :

1° *Un sol de bonne qualité, à l'abri des débordements et des inondations, dont la culture ne soit pas difficile, qui ne soit ni épuisé ni infesté de mauvaises herbes vivaces.* La bonté du sol importe plus que son étendue. Mieux vaut cultiver une bonne terre de petite contenance, même à un prix élevé, qu'une mauvaise terre, considérable, louée à vil prix. Une terre envahie par les mauvaises herbes exige de fortes avances pour les extirper, elle ne peut être cultivée avec profit avant cette opération.

2° *La réunion en un seul tenant, ou du moins en grandes pièces, des diverses parties dont se compose le domaine.* Des champs trop éloignés, des pièces trop petites, font perdre beaucoup de temps aux attelages ; il faut surtout éviter de prendre des terres enclavées, car, le plus souvent, bon gré, mal gré, on est obligé de suivre la routine des voisins, et l'on n'évite pas toujours les procès qu'entraîne cette position vicieuse.

3° *Des bâtiments en bon état, bien distribués, et placés, autant que possible, au centre de l'exploitation.*

4° *Des eaux de bonne qualité, et assez abondantes pour la consommation du ménage, pour abreuver les bestiaux et suffire aux besoins du potager.*

5° *De bons chemins d'exploitation.*

6° *Des débouchés pour l'écoulement des produits de la ferme, ainsi que des communications faciles pour arriver au marché.*

7° *Une population probe, laborieuse et assez nombreuse pour exécuter, en tout temps, les travaux de la culture.*

Lorsqu'on prend une terre à bail, on doit, en outre, examiner avec soin les clauses et la durée du bail.

La plupart des baux, en France, sont ordinairement de trois, six ou neuf ans. C'est là un des plus graves obstacles aux progrès de l'agriculture, car, dans un temps si court, il est bien difficile au fermier de cultiver en bon père de famille. Les baux ne devraient jamais avoir une durée moindre de quinze ou vingt ans, si les propriétaires étaient toujours certains de rencontrer dans le preneur un homme moral, intelligent, instruit, et pourvu de capitaux proportionnés à l'importance de l'exploitation. Malheureusement, propriétaires et fermiers s'entendent rarement sur leurs véritables intérêts. L'un veut souvent louer sa terre au delà du prix raisonnable qu'elle comporte ; l'autre, de son côté, se croit, trop souvent, pendant sa jouissance, plus maître du sol que le propriétaire lui-même ; par suite, il est prédisposé à s'exagérer ses droits, et toujours tenté d'éluder les clauses d'un bail qui limite son pouvoir ; de là, la lutte incessante entre deux forces qui, au lieu de se réunir pour leur bien commun, se paralysent quand elles ne viennent pas se heurter et se briser l'une contre l'autre, au grand dommage de toutes deux. Plus le bail est long, plus les intérêts du fermier se rapprochent de ceux du propriétaire, plus il lui importe de cultiver en bon père de famille ; plus le bail est court, plus le fermier est tenté d'exploiter le fonds jusqu'à l'épuisement. Le bail ne doit être ni trop empreint de confiance, ni trop restrictif, mais juste dans toutes ses clauses. Quelle que soit, du reste, sa rédaction, il sera bien difficile de maintenir la bonne harmonie entre le propriétaire et le fermier, si le premier n'est pas assez éclairé pour être raisonnablement désintéressé, et si le second n'est pas assez honnête pour respecter, sans l'intervention du tribunal, les conditions du bail ; tous deux, dès lors, courent grand risque de faire la triste expérience du proverbe : *Qui terre a, guerre a.*

Des capitaux.

Il ne suffit pas d'avoir trouvé un domaine convenable et de réunir les qualités requises pour bien cultiver, il faut encore posséder les capitaux nécessaires à l'entreprise ; ceux-ci se divisent en *capital mobilier* et en *capital de circulation.*

Sous la dénomination de capital mobilier, on comprend les instruments aratoires, les charriots et tombereaux, les bestiaux et la semence.

Il va sans dire qu'il doit être en rapport avec l'importance de l'exploitation.

Instruments et véhicules doivent être entretenus de manière à pouvoir servir au premier appel : il est essentiel de les mettre à l'abri lorsqu'on n'en fait pas usage.

Les bestiaux sont de deux sortes. Ceux qui produisent des denrées de commerce, telles que du lait, du beurre, de la laine, de la viande, etc., sont désignés sous le nom de *bétail de rente;* leur nombre doit être calculé sur la quantité de fourrage dont on dispose et sur la masse de fumier dont on a besoin. Les animaux employés aux cultures et aux charrois constituent le *bétail de trait;* leur nombre doit être limité aux besoins de l'exploitation, mais de manière à pouvoir remplacer un animal fatigué ou malade, afin que les travaux ne soient jamais en souffrance, faute de bêtes disponibles.

Le *capital de circulation* se compose d'objets

dont la qualité est essentiellement variable, tels que le numéraire et les produits bruts du domaine. Représenté surtout par le numéraire, il est la force motrice de toute l'entreprise; le produit net d'une exploitation est toujours en proportion directe avec les avances d'argent qu'on lui a faites judicieusement, bien plus qu'en raison de la surface du domaine; l'étendue de l'exploitation et le mode de culture qu'on adopte peuvent seuls déterminer la quantité de ce capital. C'est en partie par la pénurie des capitaux que les progrès de l'agriculture ont été si longtemps retardés en France; du reste, la plupart des cultivateurs peu aisés sont rarement assez sages pour se contenter d'une terre en rapport avec leurs forces; ils oublient trop souvent qu'un hectare bien traité vaut mieux que trois hectares médiocrement cultivés, et que des terres mal travaillées et maigrement fumées, non-seulement ne remboursent pas leurs frais, mais finissent encore par appauvrir celui qui les exploite, quand elles ne le ruinent pas de fond en comble.

Des engrais.

L'engrais est le principal élément de la production végétale.

La cherté de l'engrais dans un pays est un indice certain de l'état avancé de son agriculture; plus l'agriculture est arriérée, plus l'engrais est à bas prix. Autour des villes, la valeur du fumier s'équilibre avec la population et le nombre des animaux employés à ses besoins.

Tout sol auquel on demande, sans fumure, des récoltes répétées, finit par s'épuiser. Aucun sol n'est plus coûteux à fumer que le terrain complétement épuisé d'engrais ; mais, quelque forte que soit, en pareil cas, cette dépense, aucun capital n'est mieux employé que celui destiné à l'achat des engrais nécessaires pour rendre au sol les forces qu'il a perdues.

La pénurie de paille entraîne, comme conséquence, la pénurie de fumier ; la quantité du fumier est en raison directe du fourrage qui produit les déjections du bétail et de la paille qui les reçoit et s'en imprègne. Les animaux, ici, ne sont que des machines à engrais ; ils les fournissent d'autant plus abondants et de meilleure qualité, qu'ils sont plus copieusement nourris avec de bons fourrages : les résidus de leur digestion auxquels on a mêlé de la paille qui s'est chargée, à son tour, des parties liquides des excréments, acquièrent plus de moitié du poids de la nourriture sèche en se transformant en fumier.

Se procurer la quantité d'engrais nécessaire pour les besoins de l'exploitation, l'obtenir au plus bas prix possible, telle doit être la préoccupation constante du cultivateur ; le fumier le moins abondant et le plus cher est toujours celui qui provient d'animaux mal nourris.

Du travail.

Le travail est un devoir imposé à tous les hommes; pour le cultivateur, il est encore un des capitaux les plus précieux, mais ordinairement c'est celui dont on comprend le moins l'importance.

Le sol est le grand laboratoire du cultivateur. Sans travail, nul produit à en attendre; après l'engrais, c'est lui qui donne toute sa valeur à la terre.

Dans les pays dépourvus de population, de capitaux et d'instruction, le sol, privé de travail, est à vil prix; il en acquiert d'autant plus, que cette triple condition de richesse se trouve mieux remplie. Le prix du travail est un véritable régulateur en économie rurale; c'est, en partie, sur la proportion qui existe entre le prix du travail et celui du sol que sont fondés les différents modes d'exploiter, représentés, dans leurs extrêmes, par la grande et la petite culture.

Il n'est pas facile d'indiquer l'emploi le plus convenable du travail. En agriculture, rien n'est absolu. Le travail n'est pas assujetti à une marche uniforme comme dans une fabrique; on ne saurait donc déterminer son emploi d'une manière rigoureuse, on peut seulement se guider d'après les principes généraux suivants :

1° *Diviser, autant que possible, le travail, et appliquer chaque ouvrier à sa spécialité.*

2° *Mesurer les travaux qu'on veut exécuter d'après la force dont on dispose; appliquer à chaque opération le nombre de bras nécessaire, mais ne jamais prodiguer la main-d'œuvre.*

3° *Éviter d'entreprendre plusieurs grands travaux à la fois lorsqu'ils ne peuvent être concentrés sur un même point.*

4° *Échelonner les différents travaux suivant leur importance et réserver pour des temps de loisir ceux qu'on peut ajourner sans inconvénient.*

5° *Ne jamais remettre au lendemain les travaux qu'on pourrait exécuter à propos;* le temps perdu ne se retrouve plus, et ce qui doit être fait, l'est toujours mieux aujourd'hui que demain.

Tous les travaux que nécessite la culture des terres s'exécutent par des attelages, c'est-à-dire par des bœufs, des mulets ou des chevaux, ou bien à la main.

Les chevaux et les mulets travaillent plus vite et conviennent mieux que les bœufs pour les hersages et les charrois, mais ils sont plus sujets aux maladies et coûtent plus cher de nourriture et d'entretien. D'un autre côté, les bœufs travaillent plus lentement et font moins d'ouvrage, mais ils sont plus rustiques, moins difficiles sur la nourriture; ils conviennent très-bien pour le labour, et présentent, en outre, l'avantage de ne pas perdre, comme les chevaux et les mulets, une partie de leur valeur passé un certain âge, puisque, après avoir travaillé pendant un certain nombre d'années, on peut en tirer parti par l'engraissement ; ils occasionnent aussi moins de dépenses pour leur ferrure et l'entretien des harnais; néanmoins, les circonstances spéciales où l'on se trouve peuvent seules décider lesquels il faut préférer des bœufs, des mulets ou des chevaux.

Les travaux à la main conviennent mieux, en général, à la petite culture qu'aux grandes exploitations ; cependant celles-ci ne peuvent toujours s'en passer; le cultivateur doit donc user de la main-d'œuvre toutes les fois qu'elle est nécessaire, mais ne la prodiguer jamais.

On sait, en outre, que si, dans un sol riche, le travail intelligent est toujours largement récompensé, les terres pauvres, en revanche, sont de mauvaises payeuses : le travail n'a donc pas la même importance dans l'un et l'autre cas. Dans le premier, il est le principal levier de la production ; dans le second, loin d'être un élément de richesse, il serait une cause de perte si on l'appliquait sans modération. Dans les bonnes terres, labours, hersages, binages et buttages répétés se convertissent en récoltes lucratives, tandis que ces mêmes cultures multipliées aveuglément dans les terrains pauvres, n'aboutissent qu'à vider la bourse du cultivateur; pour qu'elles leur soient également profitables, il faut que ces terres aient cessé d'être indigentes, il faut que les fumiers les aient élevées au rang de terres fertiles : l'engrais, en effet, exerce sur la production végétale une influence plus puissante que le travail : celui-ci fait naître la richesse, celui-là l'exploite.

De la comptabilité agricole.

Tenir une comptabilité, c'est chercher à se rendre compte de ses opérations jusque dans leurs plus petits détails.

Jusqu'ici, on a peu compris, en France, l'importance d'une comptabilité agricole. On ne concevrait pas une fabrique sans tenue de livres, et, par une étrange distinction, on la croit inutile dans les exploitations rurales qui ne sont, en définitive, que des fabriques où l'on produit du blé, du colza, des pommes de terre, des betteraves, du fourrage, etc., fabriques fort importantes assurément, puisqu'elles s'adressent à nos premiers besoins, et que leurs rouages ne sont pas moins compliqués que ceux d'une grande manufacture.

Pour bien sentir la nécessité d'une comptabilité, le cultivateur doit, avant tout, se persuader qu'il est fabricant de denrées. Pour lui, point de succès à espérer s'il ne s'efforce d'établir son *prix de revient* de telle sorte que ses produits portés au marché lui donnent des bénéfices ; or, ce prix de revient, comment le connaîtra-t-il, s'il n'examine à fond tous les détails de ses opérations, s'il ne les contrôle les unes après les autres, en un mot, s'il ne tient pas une comptabilité ?

Dès son entrée en ferme, le cultivateur doit procéder à un *inventaire*, c'est-à-dire qu'il doit estimer en argent, article par article, tous les objets consacrés à l'exploitation. L'inventaire précède l'*ouverture des comptes*. Ceux-ci comprennent *les dépenses de ménage, les frais de nourriture des animaux et leur entretien ; leurs produits en nature et en journées de travail; les denrées en magasin ; la quantité d'engrais mise en terre ; les valeurs en effets ou en argent, et les profits et pertes que l'on fait ;* on note sur un *livre-journal* les opérations de chaque jour, pour les reporter ensuite aux comptes spéciaux qui leur sont ouverts.

A la vérité, le cultivateur qui ne veut que savoir en bloc ce qu'il gagne ou ce qu'il perd, peut se contenter de faire annuellement son inventaire, mais cela ne jettera aucune lumière sur les résultats partiels des diverses branches de son exploitation, chose si importante pour son instruction et pour la direction de sa conduite. L'agriculture exige l'avance de capitaux souvent considérables. En général, celui qui se lance dans une entreprise agricole sans s'appuyer sur une comptabilité régulière, s'expose à mettre ou trop de timidité dans l'emploi de ses fonds, ou un abandon excessif non moins nuisible ; la comptabilité seule peut lui donner des idées nettes sur l'étendue des dépenses qu'occasionne chaque partie de la culture, et sur le plus ou moins de probabilité de bénéfice ou de perte. Quelque bon cultivateur que l'on soit, on ne doit jamais se dispenser de tenir des comptes et de les tenir régulièrement :

c'est un guide impartial à l'aide duquel on peut éviter de compromettre sa fortune par des spéculations hasardées : la comptabilité est un contrôle qui ne trompe jamais.

FIN

TABLE DES MATIÈRES

FIN DE LA TABLE DES MATIÈRES.

PARIS. — IMPRIMERIE DE E. MARTINET, RUE MIGNON, 2

EN VENTE A LA MÊME LIBRAIRIE

Barrau-Heuzé : *Simples notions sur l'agriculture*, les animaux domestiques, l'économie agricole et la culture des jardins. Nouvelle édition refondue conformément au programme officiel de 1868 pour l'enseignement agricole dans les écoles, par M. G. Heuzé, adjoint à l'inspection générale de l'agriculture. 1 vol. in-12 contenant 78 vignettes et 1 carte de la France agricole, cart. 1 fr. 50

Calemard de La Fayette, député à l'Assemblée nationale. *Petit Pierre* ou le bon cultivateur, 1 vol. in-12, avec gravures, cart. 1 fr. 10

Ouvrage dont l'introduction dans les écoles est autorisée par le ministre de l'Instruction publique.

— *La Prime d'honneur*, 1 vol. broché. 1 fr. 25

Neveu-Derotrie, ancien inspecteur de l'agriculture de la Loire-Inférieure : *Veillées villageoises*, ou Entretiens sur l'agriculture moderne, à l'usage des écoles primaires rurales 1 vol. in-12, cart. 1 fr. 75

Autorisé par le Conseil de l'instruction publique.

Rendu (Victor) : *Principes d'agriculture* destinés à l'enseignement agricole. 2e édition. 2 vol. in-12 qui se vendent séparément :

Culture du sol, avec des vignettes dans le texte, 1 vol. 1 fr. 25

Culture des plantes. 1 vol. 1 fr. 25

Ouvrage dont l'introduction dans les écoles est autorisée par le ministre de l'instruction publique.

— *Petit traité de culture maraîchère* à l'usage des écoles primaires et des fermes-écoles. 1 vol. in-32, avec vignettes, broché, 50 c.
Cartonné en percaline gaufrée, 80 c.

— *La Basse-cour*. 1 vol. in-32, avec vignettes, broché. 50 c.
Cartonné, 80 c.

— *Les Abeilles*, leurs mœurs, leur industrie, leur culture. 1 vol. in-32 avec vignettes, broché. 50 c.
Cartonné en percaline gaufrée, 80 c.

PARIS. — IMPRIMERIE DE E. MARTINET, RUE MIGNON, 2

www.ingramcontent.com/pod-product-compliance
Ingram Content Group UK Ltd.
Pitfield, Milton Keynes, MK11 3LW, UK
UKHW020253250726
13967UKWH00004B/1666